となりの植物相談所

이웃집 식물상담소

copyright © Hye Woo, Shin, 2022
Japanese translation copyright © 2025
by KASHIWASHOBO PUBLISHING CO., LTD.
Original Korean edition published by Dasan Books Co., Ltd.
Japanese translation arranged with Dasan Books Co., Ltd.
through Danny Hong Agency and Japan UNI Agency, Inc.

シン・ヘウ 著
米津篤八 訳

となりの植物相談所

柏書房

オニヤブソテツ *Cyrtomium falcatum*

はじめに ────────────

植物と話したい
あなたへの招待状

　2015年、地方からソウルに出てきた私は、たまたまいま住んでいる町に引っ越しました。団地の敷地に古い木が生い茂り、公園に子どもたちがたくさんいるという理由だけで、直感的に住まいを選んだのでした。団地には幼稚園から高校までが隣接しているため、子どもの姿が多く見られ、韓国の低い出生率が嘘のようでした。家の四方には公園があって、いつもスズメのさえずりのような子どもの笑い声が聞こえてきました。

初めて町内を一回りした日、この町で昔からの夢だった「となりの植物学者」になれたらいいなと思いました。研究室に出勤しない週末や祝日、公園のベンチに腰掛け、誰でもやってきて気軽に植物について質問できる町の植物学者です。

　でも、実際に自分の暮らす町でそれを始めようとすると、勇気が出ませんでした。「町じゅうの子どもたちが私のことを知ったら、ちょっと面倒なことにならないだろうか」「どこで、どんなふうに始めたらいいだろうか」「老若男女を問わず、誰でも参加できるほうがいいだろうか」といった問題に、適当な答えが見つかりませんでした。忙しい日々のなかで、私は匿名の住民のまま過ごしていました。

　その4年後の2019年、アメリカでの研究員生活を終えて帰国した私に、「植物相談所」を開設するよい機会が訪れました。渡米前に最後の展覧会を開いたソウル市通義洞の複合文化空間「アートスペース・ポアン」で、フリーマーケットが開催されたのです。そこは植物好きの代表の招待で、親しい作家の方と展覧会を行なった場所でした。そのフリーマーケットで、私は物を売るのではなく、無料の植物相談所を出展したいと提案したところ、代表も喜んでくれました。アメリカの研究所にいるあいだ、韓国人と会えたのはたった1日だけだったので、

韓国の人々を相手に思い切り植物の話ができると思うとウキウキしました。こうして、ともかく最初の植物相談所を開催することができました。

　植物相談所を開いて多くの人と会えたことは楽しかったのですが、残念なこともありました。近所の人たちに会えなかったからです。自宅の近くには山が多く、小川も流れており、しょっちゅう付近を散歩しながら植物を観察しています。あるとき川辺でヒメグンバイナズナを観察していたとき、そこを散歩していた人が近寄ってきて植物の名を聞くので、教えてあげました。それだけで心から感謝してくれたその人のことが、しばしば思い出されました。これまでいろんな場所で植物に関する展示や講演を行なってきましたが、自分の町では一度もその機会がなかったので、たまたま出会ったご近所さんの質問がうれしかったのです。

　そんななか、運よく地域のあるギャラリーから提案をもらい、「となりの植物学者からの招待、春花春（ポムコッポム）」という展示とともに、植物相談所を開催しました。近所を歩きながら覚えておいた植物たちのことや、これまでまとめておいた私の思いを、展示に込めることができました。初めに計画した本当の「となりの植物学者」になれて、うれしくてたまりませんでした。

こんな風に偶然のきっかけで始まった植物相談所を、2021年まで開催しました。その多くは「アートスペース・ポアン」の2階にある書店「ポアン冊房(チェッパン)」で、毎月1回ほどのペースで開かれました。入場は無料で、展示や講演があるときは、その場で相談所を開催することもありました。相談所は1時から5時までで、長いときはひとりに1時間かけることもありました。

　植物相談所のことをよく知らない人は、植物について何をそんなに相談することがあるのか、不思議に思うようです。植物相談所は植物の知識だけでなく、植物に関することなら何でも話し合える場でした。1時間も話していると、相談者とかなり親しくなります。そして人生の話、生活の話、他愛もない冗談など、思わぬ方向へと対話が流れていきます。私たちは流れる対話のなかで、知識を分かち合い、疑問に対する答えを探していきました。相談者は植物について知り、私は多様な相談者を通じて人生の授業を受けているようでした。

　たまに事前予約が不要な日もありました。そんな日には、植物とはまったく関係なく、関心すらない人が、たまたま通りがかりに相談所に立ち寄ることもありました。対話しながらお互いに驚いたり感動したりするたび、この話を相談者と私のふたりだけのものにしておくのはもったいないと思いました。そこで本を出せたらと思い、出

版社と計画を立てました。相談者の同意を得て対話を録音し、もし相談者の話が取り上げられたら本を送ると約束しました。

　出版社の助けを借りて植物相談所で交わした対話をすべて文字に起こしたところ、A4用紙で590枚分にもなりました。それを全部本にしたら、たぶん百科事典のように分厚くなったでしょう。そこで似たような質問や回答はまとめ、その場で答えきれなかったことは追加しました。私にとってはすべての対話とその場の雰囲気が大切なので、丸ごと本にしたかったところですが、そうできなかったのは心残りでした。

　相談所では対話するだけでなく、私が用意した植物を一緒に観察する時間もありましたが、これも本に収録するのは難しく、残念でした。この部分は、植物の神秘を知った喜びを胸に相談所をあとにした相談者と私だけの思い出として、大切にしておこうと思います。相談所にはやんちゃな子どもの相談者もたくさん来てくれました。植物の話から離れてしまうので割愛しましたが、一緒に来てくれたご両親と大笑いすることがよくありました。これもよい思い出です。

　ところで、私は文章を書く際に、「誰も傷つけない」ことを目標にしていますが、その目標にぴったり合うのが科学論文だと思っていました。実験と理論に基づいて

客観的事実だけを書けばいいからです。そんなわけで、本書に先立って出版した『植物学者のノート』の原稿を書き始めたときも、科学書なのだから科学的な内容だけを書きたいと思っていました。ところが、そのせいで担当の編集者と少し揉めてしまいました。というのは、編集者は各項目の植物学的な内容の最後に、教訓や考えるべき点などを入れ込んで文を締めくくるよう勧めてきたのですが、私は極力、個人的な思いを入れたくなかったからです。結果的には、編集者が勧めてくれた結びを入れたことがよかったと言ってくれる読者がたくさんいました。

　それでも私は、自分の経験や考えを文章にすることに抵抗がありました。これまで書いてきた文章のほとんどは科学レポートや論文であり、自分は作家とは違うのだと考え、一線を引いてきたためです。ですが、本書ではそういうわけにもいきませんでした。純粋に科学的な内容を除けば、相談者への答えの大半は、私の思いと経験を記したものになるからです。

　私は、自分が人生の悩みについてよい答えを提供できるような年齢ではないと思っています。それだけでなく、専門の作家ではないので、至らない表現で誰かを傷つけてしまったらどうしようと心配にもなります。これは本書を執筆しながら常に悩み、気を遣った部分です。読者

の皆さんには、温かく寛大な心で見守っていただけたら幸いです。

　やや無謀な私のアイデアから始まった植物相談所が、こうして本になり感無量です。私の悩みやこだわりをまとめ、本の形になるまで長期にわたりサポートしてくれた編集者のポン・ソンミさんに感謝します。そして展示はもちろん、植物相談所の開設を許可し、素敵な場所を無料で提供してくれたアートスペース・ポアンのチェ・ソンウ代表にも感謝します。ポアン冊房のカン・ヨンヒ先生、懸け橋になってくれたキュレーターのパク・スンヨンさんを含むポアンの皆さんにも、お礼を申し上げます。何より、本書は植物相談所を訪ねてくれた相談者の方々がいなければ出版できませんでした。本書で紹介しきれなかった話を聞かせてくれた相談者、出版の構想を立てる以前に訪ねてくれた相談者も含め、植物相談所で出会ったすべての人に感謝します。

目次

はじめに

　　　　　植物と話したいあなたへの招待状　　6

第1部

身近な緑から見つける
まばゆい喜び

あなたが愛する植物はどこから来たの？	19
世界から見捨てられたと思いました	28
雑草の役割について考えたことはありますか？	36
地獄で会いましょう	44
愛しているなら、愛を減らしましょう	52
「このままでいいのかな？」植物がくれた答え	61

第 2 部

心が寒いときに行きたい場所

「上手?」と聞くよりも、「楽しい?」と聞こう　　73
諦めた夢が私を探している　　84
植物へのロマンを取り払ったら見えるもの　　92
植物図鑑にものっていない神秘的な秘密　　102
孤独なチビっ子植物マニア　　109
多様だから深くなるもの　　120
樹齢数百年のご神木から学ぶこと　　128

第 3 部

明日を準備する植物が教えてくれたこと

冬のあいだに準備して咲く花のように　　139
なんちゃって菜食主義者　　148
なるべく所有しないという愛情表現　　158
本当に育てても大丈夫ですか?　　166
植物は好きだけど、登山は嫌いな植物学者　　176
古木に対する礼儀　　184

第4部

 大切な瞬間を守ってくれる話

植物が好きになり始めた、あなたに教えてあげたい話	197
一事に精通した専門家になるべきなのか？	208
植物に国境はない	218
歩く植物図鑑	228
植物が死ぬと、秘密の友達が消えたみたいだから	238
偉大になる必要はない	246
悩めるコケ研究者	254

 私たちの温かい植物相談所の話

死んだ魚の赤ちゃんを埋めたら芽が出たよ！	264
この豆のさやをちぎると、何が出てくるかな？	266
昨日まで見えなかったものが、明日からは見えるでしょう	269
植物には長所しかないみたいですね	273
子どもの頃から知っていたらよかったのに	278
花を育てて大儲けした女の子	281
家を追われた植物たちへの哀悼	284

第 1 部

身近な緑から
見つける
まばゆい喜び

あなたが愛する植物は
どこから来たの？

　私が植物相談所を始めたのは、植物に関する面白い経験や哲学的観点など、さまざまなテーマで対話をしたいと思ったからだ。ところが「植物相談所」という名前のせいで、植物を栽培していたり植物学的な知識のある人でないと相談に行けないのでは、という誤解も受けた。

　予約不要で相談所を始めたときは、無料ですからと言って呼び込みをしても、自分は植物を育てていないからと言って来談するのをためらう人もいた。1時間ほどかけて話をしていれば、おのずと多様なテーマで対話が可能

になるが、それでもやはり「植物相談所」という名前のせいで、「どうすれば植物をうまく育てられるのか」という質問をもらうことが多かった。

相談者：植物は好きですが、そのわりに育てるのが下手です。知識がないせいで、いつも植物を枯らしてしまうような気がして……。

私：どんな植物を育てていますか？　育てている場所はベランダですか？

相談者：写真を見てください。以前はうまく育っていたのに、いまはかなり状態が悪くて。小さな多肉植物もたくさんいたのですが、全部枯らしてしまいました。このサボテンはそれでも長持ちしたほうなのですが、なぜうちのサボテンは肉が薄くてひょろりと長いんでしょうか。まだ生きてはいますが、あまり元気がないようです。

私：写真を見ると、花屋さんでもよく売っているような品種ですね。ところで……。これらの植物の正式名称、つまり学名はご存じですか？　「ぺんぺん草」「ハッピーツリー」「金銭樹」「パンケーキプランツ」といった、花屋や農園で付けられた不正確な名前で

はなくて。それと、その種が元々どこに住んでいて、そこがどんな環境なのか調べてみましたか？

　花屋や花市場で売っている鉢植えの植物には、意外にも韓国の自生植物はほとんどない。その多くは熱帯地方や砂漠などの原産だ。1年を通して暖かいベランダ〔韓国のマンションはベランダの外側が窓で覆われていることが多い〕で育成するのに適しているからだ。こうした植物のうち、葉の形が美しく鑑賞に適しているものを、観葉植物ともいう。実は、観葉植物というのは科学的な用語ではなく、その基準はあいまいだ。

　その代表格にモンステラ〔ホウライショウ〕*Monstera deliciosa*、ベンジャミン〔シダレガジュマル〕*Ficus benjamina*、サンセベリア〔アツバチトセラン〕*Sansevieria trifasciata*があるが、これらはすべて熱帯植物であり、それぞれメキシコ南部とグアテマラ、インド、アフリカ原産の植物だ。ところで、モンステラ、ベンジャミン、サンセベリアの花や実を見たことのある人はどれくらいいるだろう。観葉植物を育てている人にこの質問をすると、見たことがないと答えたり、自分が長いこと育ててきた植物に花が咲くことを知って驚く人もいる。

　胞子によって繁殖するワラビやコケ類でなければ当然、あなたが育てている植物は花を咲かせ、実を結ぶこ

とができる。モンステラやベンジャミンは、熱帯雨林では20メートル以上もの大きさに育つ。モンステラの実はトウモロコシのような形をしていて、バナナとパイナップルを混ぜたような味がする。一度だけ食べたことがあるが、あの味は忘れられない。イチジク属 *Ficus* に属するベンジャミンは、小さなイチジクのような実をつける。サンセベリアの繊細な白い花のことを知る人なら、退屈な葉の形にはさほど興味を示さないだろう。

　私はベランダで植物を育てないし、植物研究者というと植物をたくさん育てていると思われるが、そもそも我が家には植物はない。観察するために持って帰ってきたり、人からもらってしばらく家に置いておくこともあるが、できるだけ育てないようにしている。学生のとき、法頂（ポプチョン）〔1932–2010、韓国の僧侶。エッセイストとしても有名〕和尚の著書『無所有』に出てくるランの話を読んで感銘を受け、植物を育ててはならないと思うに至ったからだ。表題作のエッセイ「無所有」は、ランを育てながらランに身も心も囚われていたという話だった。

　所有とは何かについて悩み、植物を育てずにいた私だったが、この思いはカンボジアに植物採集に行ってからさらに固いものになった。それは大学院生のとき、熱帯雨林で生育するランの採集のためカンボジアに行ったとき

のことだ。鉢植えのものしか見たことのなかった洋ランに、自生地であるカンボジアの熱帯雨林で出くわしたのだ。ところが実に愚かな話だが、そのとき私の頭に浮かんだのは「おや、誰かがこんなところに鉢植えのランを植えたのかな？」というものだった。私が初めてランを見たのは、韓国の花屋で売られている鉢植えのものだったため、ランが本来の故郷で気高く美しく育つ姿が、むしろ不自然に感じられたのだ。

　韓国で洋ランとして販売されているランは、実はそのほとんどが西洋から来たものではない。韓国に自生する温帯地域のランに比べて、大きく派手だから洋ランと呼ばれているだけで、多くは中国南部や東南アジアが原産地の熱帯ランである。

　そのとき以来、韓国に帰ってきて植木鉢のなかで育つ外国産の植物を見るたび、胸が痛む。生息地で美しく育つ姿が、しきりに思い浮かぶのだ。故郷の温暖な環境下であればもっと大きく育ったはずなのに、植木鉢のなかで成長が阻害されている姿も悲しい。

　植物相談所を始めてから、「ベランダで育てている植物が、以前と比べて元気がない」という相談をよく受ける。そのたびに私は、以前から元気よく育っていたわけではないのだと答える。ただ成長が遅れていて、適当な大きさに育っていただけなのだ。本来なら強い太陽光と

高い気温の下で巨大に成長するはずの植物が、不十分な太陽光と生ぬるい温度のなかで成長が遅れているのだ。環境が不適切なので、花も実も結ばないわけだ。観葉植物という用語は、その状況をきれいに包み隠しているだけなのかもしれない。

　自分が育てている植物について基本的な知識がないと、しばしば悲しいことになる。たとえば、知人から開店祝いの鉢植えが送られてきたとする。ところが店主は店を回すのに忙しく、片隅に置かれた植物はしおれてしまう。ある日、店主は鉢植えがしおれているのを見て、それを店の前に出しておく。日の当たらない室内に置いていたせいだと考えたためだ。そうして冬になると、この熱帯の植物は冬を越せずに凍え死んで、派手なお祝いのリボンだけが残ることになる。

　あるいは、こんなこともある。団地を散歩していると、植木鉢に植わっていた植物が屋外に植え替えられている光景をたまに見る。もう面倒を見きれなくなったのか、あるいはその植物を愛するあまり、自然に帰してやりたくなったからだろうか。熱帯植物はおそらく秋を越して冬になると、寒さですべて枯れてしまうだろう。最近もインドゴムノキ *Ficus elastica* やサンセベリアスタッキー〔ツッチトセラン〕*Sansevieria stuckyi*、シェフレラ〔ヤドリフカノキ〕*Schefflera arboricola* が、団地の花壇にきれいに植えられている

のを見つけた。そんなとき、私は写真を撮っておく。もうすぐ訪れる冬の寒さに凍え死ぬであろう植物たちを憐(あわ)れみながら。

　植木鉢に植えられて成長が遅れた熱帯植物を見ながら、私たちの人生も同じかもしれないと思えてくる。自分に合った環境で大きく美しく育つ熱帯植物のように、人間も各自に合った場所にいてこそ、立派な実を結び、花を咲かせることができるのではないだろうか。

　植物を育てるのが好きだと言う人たちに、いつも聞いてみたいことがある。

「その植物の花や実を見たことはありますか？」

「その植物の本当の名前と故郷を知っていますか？」

マヤラン *Cymbidium macrorhizon*

世界から
見捨てられたと思いました

「造園を専攻したのですが、いまは子育てで忙しくて、仕事はしていません」

相談の予約がいっぱいだった土曜日の午後、最後の相談者が席に座った。きちんとした服装ときれいに整えられた髪を見て、相談を楽しみにしていたのがわかった。

造園学を専攻したという相談者は、博士課程の入試に合格し、勉強を再開するのだと言う。そして新しい庭園デザインのアイデアを語るとともに、植物分類学や植物生態学の分野、さらに植物の絵を書くことや植物図鑑の

選び方まで、熱心に質問してくれた。

　学生とはいっても年齢は行っているようで、お子さんもいるようだった。相談者は慎重に自分の話を続けた。

相談者：いまは健康上の理由で休学中です。去年、乳がんの診断を受けたものですから。

私：そうなのですね。いまはもう大丈夫なんですか？

相談者：はい、だいぶよくなりました。髪もこの通り、元に戻りました。

私：とてもおつらかったのでは？

相談者：去年の夏には「世界から見捨てられた」とまで思いました。でも、最悪のときにこの状況を別の角度から見たら、不思議なことに考えが180度変わったんです。他のがんではなく乳がんでよかった、転移する前に見つかってよかった、治療可能な若くて健康な体でよかったって。最初の数ヵ月は本当につらくて。私はもちろん、家族全員がつらそうにしていました。夫には「がんになったのはあなたのせいだ！」とか、「あなたに会ったせいだ！」とまで言ったこともあります（笑）。

私：本心も混じっていそうですね（笑）。

相談者：それから時間がたって、だんだん健康が回復してくると、「これは一度休みなさいという意味なのかも。こんなにしんどい生き方をしなくてもいいのかも」と思うようになりました。そこで、今年1年は自分がやりたいことをたくさんしました。片胸を失いましたが、もっと多くのものを得ることができました。

相談者は病気をして自分を見つめ直すことで、妻として母として、家のことをやらなくてはというプレッシャーをずいぶん軽減することができた。済州島(チェジュド)にひとり旅に行ったり、のんびりと近所を散歩したり、やりたいことをした。そうするなかで新しい出会いがあり、力をもらいながら、ひょっとすると病気になったのはそう悪いことばかりではないかもしれないと思うようになったという。周りの助けで心理的にも安定し、夫との関係もさらによくなった。

最初に病気がわかったとき、電話をくれた年配の知り合いがこう言ったそうだ。「私も病気になったことがあるけど、そんな年になったということだよ」「自分の体を大事にしろというシグナルだと思いなさい」。こんな声援のおかげで耐えることができ、耐えているうちにたちまち月日は過ぎていった。初めのうちは「もう私は死

ぬんだ！」と思っていたが、いつしか1年がたち、いまでは「来年は何をしようか」と頭を悩ませているという。

　死ぬかもしれないと思うと、一日一日がとても大切になった。以前なら、朝に目を開けて夜に目を閉じるだけでもつらい日が多く、季節が移り変わっても、その変化を感じるどころか、うんざりしていたのに、いまでは春夏秋冬それぞれの季節が大切に感じられるという。それでいながら、安心が半分、無念さが半分で、この年になってようやく人生のもうひとつの味を知ることになったそうだ。

　相談者の話を聞きながら、かつて長期の病院暮らしをしていたことが思い出された。そこで私も少しずつ、私自身の話を語ることにした。

　私が11歳、兄が13歳だった年、私たちは長い入院生活を送った。まだ幼かったが、人生を決定づける大事件のひとつであり、いまも鮮明に記憶している。病院の生活はつらく、とても退屈で、恐ろしかった。

　入院先は韓国の大病院のひとつだった。その病院は、おそらくアンズの果樹園があった場所に建てられたものだったのだろう。なぜなら、病室で横たわって窓の外を見ると、アンズの老木がたくさんあったからだ。

　私はよくアンズの木を訪れ、青いアンズの実をもいで

は冷蔵庫に入れておき、まだ熟していない酸っぱいアンズを切ってみたり、一口だけ味見したりした。このアンズが熟す頃には退院できるだろうかと期待しながら——。生と死のはざまで、多くのことを考えたり、悩んだりした。幼いなりに、生きるとは何か、死ぬというのはどういうことか、退屈な病室に寝転びながらいつまでも考え続けたものだ。

　退院後、久しぶりに学校で会った友達のことが改めて不思議に思えた。友人たちはカエルやアリを捕まえて遊び、その小さな動物を殺すこともあった。その姿を見ながら、私たち人間もその小さな動物とさほど変わらないと思った。いつ、どこでも、病気になったり事故で死んだりするかもしれないし、不幸に襲われることもある。自分も絶対に例外ではありえない。そう考えるようになった。だが、みんなはそうしたことにまったく関心がないか、自分だけは例外だと信じているようだった。

　大手術を受けたせいか、術後も軽い病気に何度もかかり、いつも病弱だった。おかげで死は身近なものだという思いが頭を離れず、迷わず好きなものを選び、嫌なものをすぐに捨てるという価値観を身に付けたようだ。やりたいことは一生懸命やるけれど、その計画を挫折させる要因が常に身近にあるということも知った。死についても同様だ。

死について考えると、何かを決めるときにもっと割り切れるようになった。家にある物の数を減らすこと、恥ずかしいものは残さないこと、死んでからの後始末のこと、死ぬまでにできる仕事の量についても慎重に考えるようになった。生き物は生まれたらみんな死ぬようにできているのだから。

　病気がくれたもうひとつの重要な教えは、自分は平穏な仕事をして生きていきたいということだ。アンズの実を観察するような平和な職業に就こう。そう心に決めたのだ。ちなみに、兄は私とは異なる決意をしたようである。

私：手術を受けて、しばらく集中治療室にいました。痛くて痛くて、このまま死んでしまいたいと思いました。まだ11歳にしかならなかったのに。自分が死んでいるのか生きているのかもよくわかりませんでした。そんな状態だと、親に対しても関心がなくなるんです。泣いても駄々をこねても意味がないことがわかるし、そもそもそんな気力もありませんでした。

相談者：すごくつらかったでしょうね。

私：当時は苦痛でしたね。でも、いま思えば、もしあのとき病気になっていなければ懸命に生きようとしなかったかもしれません。30歳までに死ぬと思っていなければ、すべては当たり前に与えられたものだと思い、仕事に対する使命感もいまほど持てなかったでしょう。

相談者：死ぬまでに何枚絵を描けるか考える、とおっしゃっていたのもそのためですね。

私：常にそんなことを考えています。だから、先ほどおっしゃったように、病気になったことは私の人生にとっても確実に力になったと思います。

相談者：思えば私もこれまでの人生で、今回のように自分が死ぬかもしれないと思ったことは、一度もありませんでした。

私：おそらく、多くの人がそうですよね。

「去年の夏には「世界から見捨てられた」とまで思いました。
でも、この状況を別の角度から見たら、
不思議なことに考えが180度変わったんです」

カワラナデシコ *Dianthus longicalyx*

雑草の役割について
考えたことはありますか？

　植物相談所での話を本にしたら面白そうだと初めて思ったのは、ナノ粒子の研究をしているある科学者に出会ってからだった。その科学者と会ったのは、植物に関する美術展示の関連企画として植物相談所を開いたときのことだった。誰でも来て話し合える植物相談所にするつもりだったが、植物に関する展示とリンクしていたので、植物や美術が好きな入場者がほとんどだった。

　相談所が終わる頃、ナノ粒子研究者を名乗る1人の相談者が、遠慮がちに入ってきた。会場の近所の人で、通

りがかりにふらっと立ち寄ったのだという。そして粒子の連続と不連続性について話してくれた。

　私たちが認識している物質というものは、連続的に生成されているように見えるが、その一方で不連続的にいきなり出現して驚くことがあるというのだ。いくつかの原子が集まって、ある瞬間にある分子になるという例を挙げ、植物も細胞がひとつずつ集まって、ある瞬間に私たちが花びら、雄しべ、雌しべなどと認識する組織ができあがるが、それについてどう考えるのか──そう問われて、私は内心でこう思った。

　──こんな難しい質問をしてくれるなんて！

　思考の幅を広げてくれる、きらきらした質問に感謝しながら、興味が湧いたので本を書かねばと思った。植物相談所にはこんなありがたい相談者が訪ねてきてくれるが、次の相談者もそのひとりだ。

相談者：先生、雑草にも役割はありますか？
私：雑草に役割を問うのは、あまりにも悲しいことではないですか？
相談者：道端にはメヒシバのような雑草がたくさん生えていますが、なぜそこに生えているのでしょう？

私：人間が地球に生まれたように、雑草もただ存在しているのではないでしょうか。人間がホモサピエンス *Homo sapiens* というひとつの種であるように、メヒシバもメヒシバというひとつの種です。メヒシバも人間も同等だということです。だから「メヒシバよ、お前にはどんな役割があるんだい？」と聞くのは、むしろ変ではありませんか？　地球の主は人間であるように思えるかもしれませんが、メヒシバの立場からすれば「私も同等なひとつの種であるし、地球の主だと思っているのに、だったら人間よ、お前の役割は何だ？」と聞きたくなるかもしれません。私たちがあまりに人間中心に考えているのではないですか？

相談者：森に暮らす動物なら、まだわかります。なぜなら、森はかれらだけの空間だからです。ところが雑草は、人間の身近にいて、道端に勝手に生えていますよね。それを見るたび、「これには何の役割があるのか。そこにも生態系のようなものがあるのか。そのなかに何があるのだろう」と、そんなふうに思うのです。

「雑草にも役割はあるのか」という質問を耳にしたとき、これまで考えたこともない問いだったので当惑し、あま

りに悲しい質問だと思ったのだ。相談者は、雑草の生態的地位（ニッチ）や都市に及ぼす影響などについて聞きたかったのかもしれないが、私にとっては「雑草にも役割はあるのか」という質問自体が興味深く、考えさせられるものだった。

　「雑草」というのは、植物分類学上の用語ではない。雑草の辞書的な意味は「手入れをしなくても勝手に生えて育つ雑多な草」であり、生育する時と場所が不適切な植物のことをいう。農地、庭、公園といった人間のコントロール下にある環境のなかで、人間が望まないのに生えてきて害を与える植物だ。たとえば、サラダを作るためにセイヨウタンポポを栽培すれば、それは雑草ではないが、モモを育てる果樹園に勝手にセイヨウタンポポが侵入して生えていたら、雑草となる。つまり、「雑草」という用語は、植物を利用価値に従って分類する人間中心的な用語なのだ。

　雑草は隙さえあれば、たちまち広い範囲に繁殖し、未知の土地を支配し、混沌とした生態系のなかで成功裏に適応する。いったん定着すると、たやすく根絶されない強い生命力を持っている。こうした根強い生存能力と、有害で下等な存在という否定的な意味から、「雑草」という言葉は誰かを軽蔑する用語としても使われる。だが、その一方でアメリカの詩人であり思想家のラルフ・ウォ

ルドー・エマソンは、雑草のことを「その美点がまだ発見されていない植物」と述べている。事実、多くの農作物や薬用植物、園芸植物が、かつては雑草として扱われていたのである。

　地球上の多くの植物は、人間よりも先に誕生した。いま都市がある場所には、先に植物が存在したはずだ。たまに、人間が作った大小さまざまな構造物であふれた都市を歩いていると、すべてがゴミのように思えてくる。家のなかで周囲を見渡してみても同様だ。この地球で自然に生まれたものではない素材を目にしたり、角張っていたり丸かったりという不自然な形を見たりすると、暗澹(あんたん)たる未来を予感したりもする。いつか人類が絶滅したら、自然と融和できないこの巨大なゴミの山はどうなるのだろう。そんな視点から見ると、アスファルトの道路をこじ開けて生えてきた雑草のほうが、正常なのかもしれない。

　植物園の温室で働いているというある相談者は、自分は破壊者だと言っていた。入園者に温室をきれいに見せるため雑草を刈っていると、どうしてもそんな気分になってしまうと言うのだ。植物園の温室は植物がよく育つよう栄養分が豊富で、温度や湿度など生育環境もいいので、つられて雑草もよく育つ。おのずと、多くの植物種が生

育できる環境のなかで一部の植物だけは残し、雑草と規定された多くの植物を殺し続けることになるので、破壊者になったようだと言うのだ。一口に雑草と言っても、それぞれ固有の名称を持つ多様な種を抹殺するのだから、そんな気持ちになるのも無理はないだろう。

　「雑草にも役割はあるのか」という質問に含まれた雑草の概念と、雑草に役割を問う態度も、人間中心的なものだ。植物相談所でこの質問を受けて以来、私は人々が植物に対して悪気なく使う人間中心的な言葉や態度に関心を持ち、展示や講演を通じて思考を広げていった。

　徳寿宮（トクスグン）〔ソウルの故宮〕プロジェクト2021「想像の庭園」グループ展に「面々相覷（そうしょ）：植物学者の視線」という展示で参加したときも、そのなかで雑草に関する考え方や態度について取り扱おうと考えた。文献調査をするなかで、徳寿宮に植栽されている植物とは異なり、宮内の雑草についてはこれまで調査されたことがないことがわかり、興味を抱いて半年にわたり徳寿宮のすべての植物を調査した。その結果、徳寿宮の各所にどんな植物がどんな姿で存在しているのか、半年間でどれくらい育つのかが明らかになった。調査でわかった徳寿宮の植物の名前と位置を示した徳寿宮植物地図も作製し、入園者に配布した。

　展示場の一角には、徳寿宮で採集した雑草の種を展示し、アメリカの作家デイヴィッド・クォメンが書いた

「Planet of Weeds（雑草の惑星）」という文の一節を引用した。デイヴィッド・クォメンは、こう述べている。地球上で地理的に広く拡散し、繁殖率が高く、確保した資源を独占するのに長け、根絶やしにするのが困難な雑草のような存在、それが人間だ、と。地球の他の生物がわれわれ人間を呼ぶとすれば、おそらく侮蔑的な用語として使われている雑草という表現がぴったりだろう。

　ときおり植物画の歴史について講義することがある。古代ギリシャ時代から植物の種を記録するために描かれた絵と、画家の人生について扱っている。時代別に植物画を見ていくと、植物に対する人間の認識の変化がわかって興味深い。よく取り上げられるのは、マンドレイク、あるいはマンドラゴラと呼ばれるマンドラゴラオフィシナルム *Mandragora officinarum* の絵だ。マンドレイクの絵の時代別変化を見ると、植物に対する認識が、人間中心的な先入観から植物そのものを科学的に理解する方向へと、徐々に移り変わっていくことがわかる。

　マンドレイクは、それが持つ化学的成分のためか、西洋の伝説に宗教や魔法に関する用途でしばしば登場する。マンドレイクの根は人間のような形をしていて、引き抜く際にその人型の根が叫び声を上げ、引き抜いた人を殺すという伝説で有名だ。

面白いことに、ギリシャ時代の科学者と言える医師が描いた絵も、マンドレイクの根が人の形をしている。その後もかなり長期にわたって、人型の根を持つマンドレイクが登場し、1600年代の植物学者が描いた絵もこの伝説から抜け出せていない。だが、人間中心的な先入観を抜きにすれば、実際のマンドレイクは薄紫色の美しい花をつける、太い根を持つ平凡な植物にすぎない。

　われわれが人間中心的な先入観を抜きに、科学の目で植物を見るようになったのは、比較的最近のことだ。生物分類学の基礎を作ったスウェーデンの植物学者カール・フォン・リンネは1700年代の人であり、進化論に寄与したチャールズ・ダーウィンは1800年代の人である。

　植物を対象とした科学の歴史はさほど長くないので、植物に対する凝り固まった先入観はいまも少なくないだろう。人間が植物を完全に理解することは可能だろうか。もしかすると、人間が植物にならない限り、永遠に困難なのかもしれない。

地獄で会いましょう

　研究室では、実験のために生物を殺すことになる。だから、研究者は実験の前に生命尊重についての倫理教育を受ける。特に神経系を持つ動物のように痛みを感じる生物を扱う研究者は、より厳格な倫理教育を受けて、最小限の苦痛で生物を殺す実験方法を学ぶ。

　研究室に来たばかりの学生は、人間に近い霊長類はより丁重な扱いを受けるべきだと、漠然と考えていることがある。進化の観点から見て、より原始的な種や人間とは遠い生物であるほど、あまり罪の意識を感じなくても

済むと思っているのだ。しかし、実験の経験が長い研究者は、倫理教育を受ければ受けるほどこう思うようになる。

「苦痛の基準は必ず神経系に置くべきなのだろうか？」

「苦痛がないといっても、別の観点では痛いかもしれない」

「結局、殺していることに変わりはないのに……」

「生命を殺すのに、罪悪感の強さが違っていていいのか？」

植物分類学者が採集に行くと、多いときは1日で数百個の標本を作るが、これは実のところ植物を殺す行為に他ならない。木であれば枝を切るので本体が死ぬことはないが、草の標本を作るときは根まで抜く必要があるので、完全に殺すことになる。また、木は枝を切るだけで死なないからといって、心中は穏やかとは言えない。

あるとき、多様な生物分類群を研究する学者たちが集まって話す機会があった。そのとき、ひとりの学者が私にこう言ってきた。

「植物を殺すのは、まだ気が楽でしょう」

私は研究者仲間とこのテーマに関して話すとき、いつも「私たちは全員、地獄行きです」と答えている。そうすると、すぐさま別の意見や問いが提起され、議論が続く。植物には脳がない、痛みがない、どのみち地球の生

産者という宿命を負っている、枝を折って植えると根が生える植物もある、人間だって腕や脚を切っても生きていけるのに、植物と区別して見る必要はあるのか、人間は植物を食べなければ生存できない、等々。

　植物が好きで植物学を選択したのに、かえって植物を殺すことになった悩みや罪悪感は、どの植物学者にとっても決して軽いものではないようだ。そして、こういった悩みや罪悪感は植物学者に限らず、植物を愛するすべての人が持っているだろう。今日、植物相談所を訪ねてきた人もそうだった。

相談者：前は動植物にさほど関心がなかったのですが、数年前に猫を飼い始めてから、考えが大きく変わりました。初めは自分の猫が心配になり、次は野良猫が心配になり、いまでは植物のことまで心配するようになりました。植物も生きていると思うと、粗末に扱うことができないのです。

私：心配が心配を生んだのですね。

相談者：何年か前にたまたま読んだある本に、植物がどれほど生きようとする意欲を持っているかということが書かれていました。その本を読んで以来、植

物も生きていると思うと花が買えなくなりました。

私：切り花のことですか？

相談者：そうです。以前なら、きれいな花を見ると思わず買ったりもしたのですが、もう切り花は買えなくなりました。切り花を見ると、自分が痛みを感じてしまうのです。私はテレビの字幕を付けるアルバイトをしているのですが、花の輸出入に関する番組を担当したことがあります。アフリカや南米で花を栽培し、それを切り花にして世界各国に送っているという話でした。花にどれほど多くの防腐剤が入っているのか、だから近い場所で育った花を消費すべきだ、こんな内容のドキュメンタリーです。このとき初めて花を切って売ることについて、真剣に考え始めました。

　花屋で売られている切り花を見るのは、その植物の全体像を知っている人にとっては悲しいことだ。花屋で売られている花だけ見ている人は、花の下の姿をよく知らないことが多い。ガーベラの花は知っていても、その葉や根の形まで知っている人は多くないだろう。本来は花から根の先までがひとつの植物であり、それが生きている姿なのに。

　以前、切り花を見た子どもがこう言った。「先生、こ

の花は生きてるよね。だってきれいだもん」。そこで、私は何気なく、こう答えてしまった。「その花はもう死んでいるんだよ。根っこが切られたから、死んでしまったんだ」。その子はかなりショックを受けたようだった。たぶん、花がみずみずしいから生きていると、純粋に思っていたのだろう。その子は心配顔でこう聞いてきた。「だったら、この子はどうなるの？」。私は「その花は腐って消えてしまうよ。根っこがないから、もう生き返ることはないんだよ」と教えてあげた。

　私は、切り花が生きていると思ったことは一度もない。根もなく、葉もなく、頭だけがちょきんと切られて売られている花は死んでいる。花は美しいので、人々は葉や根よりも花に関心を持つ。だから、大抵の人は花が切られたとは思わず、きれいな花を集めていっぺんに見られることを喜ぶのだ。
　生物は進化することで誕生し、生態系のなかで各自の地位（ニッチ）を占めている。そして、その地位に合わせた生き方をするしかない。人間は動物なので、植物を食べて利用する。ところが、私は切り花が売られているのを見ると、人間の生存に直接関係ないこの行為は、単に人間の欲にすぎないのではないかと、しばしば考える。また、切り花として売られている花の多くは園芸品種だが、

これらを見るときも似たようなことを考える。園芸品種とは、人間がより美しいと感じるように開発された植物であり、これも人間の生存に直接の関わりはないからだ。

　アメリカのブルックリン植物園を訪れたとき、人間の欲が作り出した残酷さについて考えた。ブルックリン植物園の一角に、巨大な花を持ち、花びらが幾重にも重なった華麗なチューリップの品種がたくさん植わっていた。その前を通る人たちは足を止めて、きれいだと言って喜んで写真を撮っていた。ところが、同行した教授は「うわっ、気味が悪い」と言って早足で通り過ぎて行った。私も同じことを思った。人間の好みに合わせて生み出された園芸品種が怪物のようで、私にとっては美しくなく、むしろ残酷さを覚えたのだ。

　こんな突拍子もないことを想像してみる。もし花と人間の立場が逆だったらどうなるだろうか。花が人間の品種を開発していて、こんなことを言う。「もっと手足の数が多いほうがきれいだろうな。手足を数十本に増やしてみよう。頭はかわいくないから、なくしちゃおう」。そして生み出した怪物のような形の人間を見て「ああ、きれいだ」と言って喜ぶ。少し過激な想像かもしれないが、広い草原で育つ野生のチューリップを知っていれば、花が自分の重さに耐えられず倒れてしまう園芸種は奇異に見えるはずだ。

最近、フランスの詩人フランシス・ポンジュの詩集『物の味方』から、「動物と植物（フォーヌ　フロール）」という詩を読んだ。その詩のなかに、こんな印象的なことが書かれていた。動物も植物も、死ぬとその骸（むくろ）は大地に吸収されるが、植物は動物と違って死に場所を探してさまようことはない——。私は詩集を読みながら、動物と植物の当たり前の違いについて、改めて考えてみた。

　死ぬときはどこで死ぬべきか、私も悩むだろう。自分が動物であることは絶対に変えられない。だから、動物が生存のためにやるべきことを、私もやるしかないのだ。いくら植物がかわいそうだと言っても、私が生存するには植物が必要だ。しかし、人間と人間以外の動物とのあいだには、明らかな違いがある。動物も植物を食べて利用するが、人間のように生存とは関係のないことのために大量の植物を殺したり、好き勝手にDNAを組み換えて種の根本をいじったりすることはない、という事実だ。

植物を長く育てた人は、植物を懐に入れたからといって
よく育つわけではないことを知っています。
「手放す気持ち」のようなものが生まれるのです。

ダルマギク *Aster spathulifolius*

愛しているなら、
愛を減らしましょう

　たまに霧吹きを使って植物に水やりをする人がいる。初心者の植執事〔植物＋執事の合成語で、植物を育てることに楽しみを見出す人のこと〕に多いようだ。ところが、霧吹きで水をかけても、植物が水を吸収する助けにはあまりならない。雨が降らない室内では、ほこりを取り除いて光合成を促進する助けにはなるかもしれない。あるいは、他の木の上に根を張って空気中の水分を利用して育つ着生植物や、湿気を好む植物などの一部にとっては、有用かもしれない。しかし、いずれにせよ効果的な水やりの方

法ではない。

　霧吹きで葉に水を吹きかけると、吹きかけた人は潤いがあって爽やかな気分になれるだろう。だが、植物にしっかり水を与えるには、根に水やりする必要がある。植物の祖先は水中に生息して全身から水を吸収していたが、水から出て乾燥に適応するように進化した陸上植物は、根が水を吸収する機能を担うことになった。そのため根に水やりしないと、植物はしっかり水を吸収できないのだ。

　ある相談者は、葉が乾燥しているようなので霧吹きで水をかけていると言っていたが、私の話を聞いて「無駄なことをしていました。しおれた葉に何日か霧吹きで水をやっていたら少し元気になったような気がしたのですが、ただの気のせいだったようです」と言った。

　霧吹きで葉に水をかけて植物の渇きを解消してやろうとするのは、むなしい愛の表現だ。隅々まで霧吹きで水を吹きかけるよりも、コップ1杯の水を時々土にかけてやったほうがいい。葉をしきりに拭いたりさわったりするのも、植物にとってはストレスになる。

　植物が心底好きだという人がこんな下手な愛情表現をしているなら、これは明らかに片思いにすぎない。待っているのは悲しい結末だけだ。

相談者：植物を育て始めて間もない者です。最近、「自分は動物より植物のほうが好きかも」という気持ちが生まれ、植物をたくさん買いました。でも、どれも長持ちせず、すぐに枯れてしまって、いまは3つしか残っていません。それもゾンビのように、かろうじて生きている感じです。

私：その植物を買った花屋には問い合わせしなかったのですか？

相談者：はい。張り切って育てようと、プランターを買って植え替えたりもしたのですが、結局、全部枯れてしまいました。家でトマトを育てて食べたり、バジルを栽培してバジルペーストを作って食べるのが夢だったんですが……。トマトはひょろりと立っているだけで、花や実がつきません。育て方が下手なのでしょうか。このまま植物を育てても、枯らしてしまうだけなんじゃないかと思って。

私：植物が枯れるのは、多くは愛情のかけすぎです。

相談者：妹からも言われました。「お姉ちゃん、毎日ずっと見てるからだよ」って。ある日、水をやってから調べてみたら、上から水をかけてはいけないと書いてあったんです。「しまった！」と思ったときには、もう枯れてしまいました。サンチュも背ばかり高くなって、枯れてしまいました。

私：サンチュは屋外で育てると、花軸が上がって背が
とても高くなるんです。人の背丈ほどに育つことも
あります。ベランダで育てると日光が足りないから、
背丈がのびるんですよ。

相談者：植物が大好きなのに、肝心の仲良くなる方法
がわかりません。植物から人見知りされているよう
な気までしてきます。どんどん枯れていくのを見る
と、自分が植物とは合わないようで、植物を育てる
資格がないように思えて……。私、将来は田舎に住
んで、おばあさんになったら畑仕事でもするのが夢
なんです。農業をやるというより、自分が食べる分
だけ野菜を作って暮らそうかと。でも、こんな調子
で可能なんでしょうか。

私：今年になってから始めたというのなら、まだいく
らもたっていないので、十分可能性はありますよ。

植物のなかでも、ランは難しいと言われている。長い
ことランを育てているのに、最初に贈られたとき以来、
花をつけたのを見たことがないという人も多い。私の指
導教授だったイ・ナムスク先生の研究室には、ランの鉢
植えがいくつも置いてあった。ランの専門家らしく、研
究室のランは毎年花を咲かせていた。たまに他の教授が
部屋を訪れ、葉が数枚しか残っていない絶命直前のラン

を託していくこともあったが、そんなランでも教授の部屋に置くとしばしば息を吹き返すのだ。

　ところが、教授のランの育て方を見ると、ただ放置しているだけのような感じだった。授業や論文執筆、学生との相談などでいつも忙しい教授は、ランとはあまり交流せず、同じ部屋を使っているだけのよそよそしい関係に見えたからだ。そして急に思い出したように「あ、そうだ！」と言って水をやるのだが、ランの鉢に浴びせるように、大きな洗面器に満たした水を注いだり、水道の蛇口を開いたままたっぷりと水をやるのだった。1週間以上の長期出張に出るときは、研究室のメンバーが世話をするのだが、やはり水が足りずランがしおれる頃まで放置し、「あ、そうだ！」と言って水をやった。そうやって水やりを忘れるほど適当に育てたのに、ランは毎年花をよく咲かせた。

　だが、ランを育てている人たちは、この話を鵜呑(うの)みにしてはいけない。ランの専門家である教授は、それぞれのランがどんな場所に住んでいた種なのか、どんな環境を好むのか、よく知っているからこそ、ランに合わせた育て方ができたのだ。ランを愛していないのではなく、ランに合わせた愛情を与えたのである。

　子どもの頃、いつもの散歩道で初めて出会った、美し

くていい匂いのする赤い花に魅せられた。この花はムラサキツメクサといい、元は外来種で韓国に定着した帰化植物だ。たぶん川沿いに生えていたのだろう。心惹かれた私はその花を一輪摘んで、花瓶に挿しておいた。他の植物のように、すぐに花が散って枯れてしまうだろうと思っていたが、ムラサキツメクサは強い生命力を持つ外来植物らしく、その小さな茎から新しい根が出てきた。その姿がいじらしくて、母のプランターの片隅に植えてやった。すると、ポップコーンのように葉が顔を出し、すばやく広がっていった。あんまり元気に育つのを見て気をよくした私は、いつか一面に赤い花を咲かせるのを待ちこがれながら、せっせとムラサキツメクサに水をやった。しかし、結局は一度も花をつけず、葉だけが生い茂っていった。

　私は植物の栄養生長と生殖生長について説明するとき、いつもこのムラサキツメクサを育てた経験を例に挙げている。栄養生長とは、植物の葉、茎、根などの栄養器官が育つ現象であり、生殖生長とは、花、実、種などの生殖器官が発育する現象だ。野外に生えているムラサキツメクサは、栄養生長と生殖生長を同時に行なうことで、花を咲かせ、種を残すことができる。一方、ベランダはムラサキツメクサが栄養生長するのに適した場所だったのだ。厳しい野外の環境とは違い、子孫を拡散するため

に努力しなくてもいいわけだ。

　私はムラサキツメクサを愛していた。その赤い花と香りに心を奪われて家に持ち帰り、花瓶のなかで根を出したのを見て健気に思い、さらに好きになった。プランターを大量の緑の葉で覆いながらも、一度も花を見せてくれなかったが、それでも私はムラサキツメクサを愛し続けた。水がなくなったらすぐに死に絶えてしまうかもと思って、私は召使いのように水を与え続けた。初めて出会ったときの、あの香り高く美しい花が咲くのを待ちながら——。

　私はすっかりこの雑草のとりこになってしまった。結局、その花を見たことのない母は、これは雑草だからと言って、自分のプランターに生えているムラサキツメクサを全部引き抜いてしまった。こうして私の愛は終わりを告げた。いま思うと、最初に私に見せてくれた美しい花も、私のために咲かせたわけではなかった。間違った愛情の示し方のせいでムラサキツメクサを失った私は、この経験を詩にしたためた。愛と執着に関する詩だ。当時は幼かったので、男女間の愛の詩ではなかったが、考えてみると両者は似ている気もする。

　相談者は間違った方法で、一方的な愛情を注いでいた。教授の愛は相手を理解し尊重する愛であり、私の愛は相手に魅了される愛だった。相談者は自分本位の愛情が度を過ぎて、植物を枯らしてしまった。私はムラサキツメ

クサがよく育つよう相手に合わせたつもりだったが、花が見たければ愛を減らすべきだったのだ。植物は、変化に富む自然環境で生き残るために子孫を残す。私があのとき、もっといい加減だったら、生命の危機を感じたムラサキツメクサはあわてて花を咲かせ、子孫を残そうとしたことだろう。

　いまあなたが育てている植物がうまく育たないようなら、愛を減らしてみることをお勧めする。待ち焦がれた美しい花が見られることだろう。私たちの人生も、それと似たようなものではないだろうか。愛していると言いながら自分をむしばみ、愛の名のもとで愛する人を傷つけることも多い。愛を少し減らせば、私たちの人生にも人間関係にも、待望の花が咲くかもしれない。

植物を育てるのが好きだと言う人たちに、
いつも聞いてみたいことがある。
「その植物の本当の名前と故郷を知っていますか?」

カワラナデシコ *Dianthus longicalyx*

「このままでいいのかな?」
植物がくれた答え

　以前は年を取ってリタイアしてから植物に目を向ける人が多かったが、最近はその年齢がどんどん低下しているようだ。20〜30代の若い層でも植物への関心が高く、植物相談所によく来るようになった。好きな植物や植物の育て方などの話題から始まり、対話するうちに自然と就職や進路の話、さらには財テクの話まで、現代生活の悩みや心配事の相談につながっていくこともある。

　一度も会ったことのない、知らない人同士だからこそ、思わず正直に心を打ち明けることもある。誰にも話せな

かった悩みも、不思議なほど楽に話せたりもする。植物が与えてくれるリラックス効果のおかげだろうか、驚くほど率直に心の奥に秘めた悩みを明かしてくれる人もいた。そんなときは、私も気兼ねなく自分の話をして、対話の流れのなかでお互いにそれぞれの答えを見つけていった。

のどかな土曜日のこと、植物相談所を訪れた若い相談者も、将来に対する悩みを語り出した。

私：いまの会社に入社したのはいつですか？

相談者：去年です。私は転職が多くて。1年働いては辞め、半年働いては辞め、という感じです。

私：仕事の分野はまちまちですか？

相談者：ええ。サービス業もやったし、一般事務もやりました。本当は美術関連の仕事に就きたかったのですが、「食べていけるんだろうか」という不安が大きかったので、諦めて別の仕事をしたんです。

私：食べていけるかどうかは、芸術家に付き物の悩みですよね。

相談者：会社を辞めてから、何度も海や山に行きました。自然のなかにいると「何とか食べていけるだろ

う」という気持ちになれたんです。植物に勇気をもらいました。

私：自然のなかにいると、不安を忘れられますよね。

相談者：自然から離れれば離れるほど、人間は不安を感じるんだと思います。安定した収入があっても、都会で暮らしていると不安になるのは、そのせいではないでしょうか。私もそうでした。いまは収入は不安定ですが、気分は以前より落ち着いています。以前は毎月決まった収入があっても、「一生こうやって暮らさなきゃならないのか」と考えてばかりいましたが、いまはそう思うことはほとんどなくなりました。

私：私たちは、便利なのが当たり前と思って暮らしていますよね。すると、いま持っているものへのありがたみを忘れてしまいます。自分が持っているもののことは忘れて、ないものにばかり目を向けるから、欠乏感でイライラするんだと思います。

相談者：何が幸せなのかは、人それぞれの夢や考え方によりますよね。でも、それを忘れてしまい、他人のとりつくろった外見だけを見て、それが自分の望むものだと錯覚して、道を間違えているようです。私もそうでしたけど、残念なことですね。

相談者は美術と関係のない仕事を転々としたあげく、しまいには将来のことさえ考えられないほど疲弊し、後先を考えずに仕事を辞めた。その後、何度も海や山を訪れた。自然のなかにいると、都会暮らしで感じていた不安感が消えた。都会にいたときは経済的には安定していたものの、このまま一生を終えてもいいのかという疑問への答えが見つからず、不安も続いた。

　自然のなかにいると、最低限のものさえあれば幸せに生きられるのに、そこから離れると欠乏感を抱き、物を買い込んだり食べすぎたりして、ついには体を壊して薬を飲むといった生活を繰り返した。自然はいつも近くにあったのに、なぜ気付かなかったのだろう。無条件に施しを与えてくれる自然に感謝するとともに、それがわからなかった自分を悔いた。

　夢と生活のはざまで苦しんだ時期を乗り越え、自然のなかで自分が進む道を探し続けているという相談者と対話しながら、私は学問と生活のあいだで綱渡りをしていた自分の経験を話してみたくなった。

　自然は当たり前のようにそばにあるけれど、その当たり前の美しさに気が付く時期は、人によって異なる。いくら説明しても興味を持たず、自然の美しさを理解できなかった人が、ふと身近にあるその完璧なほどの美に気

付いたとき、私はその人のそばにいてあげたくなる。

　私は植物が好きで、研究の道を選んだ。友人たちはひとり、ふたりと就職し昇進していったが、定収のない私は学費のために教育ローンを組み、奨学金を探し回らなければならなかった。たまに在宅のアルバイトにありついてどうにか生活費を工面する日々だったが、不思議とあまり不安ではなかった。もし本当に不安だったら、早めに就職活動をしたり、もっとアルバイトに精を出したりしただろうが、アルバイトでさえ植物分類学と直接関係のない仕事は受けなかった。

　しかし、いくら好きなことでも、経済的な問題に直面すれば危機がやってくるものだ。余裕のない生活をしながら、ぶれずに植物の研究を続けられた理由についてよくよく考えてみた。それは、自分がいつも自然のなかにいたからかもしれない。

　田舎育ちだったせいか、都会暮らしの便利さを捨てて田舎に戻ったとしても、自分ひとりで食っていくくらいはできるだろうという自信もあった。田舎で子ども時代を過ごして気付いたことが人生の軸となり、いつかは田舎に帰らなくてはという──正確に言うと「自然に回帰すべきだ」という気持ちが常にある。

　人が暮らすのに、どれほどのものが必要だろうか。自分を支える基本的なものさえあれば、幸せに暮らせるの

ではないか。いまあるものの価値や大切さを知ってこそ、何か大切なものが近づいたとき、それに気付けるはずだ。だから、自分が持っているものの価値をもっと知るべきだ。人間を取り巻く自然のように、私たちが持っているものは想像以上に多い。それにしっかり目を向けていないのではないだろうか。

　華やかな都会暮らしをして、退職されたある老紳士に会ったことがある。その方は、自然に目を向けるのが遅すぎたことが悔やまれる、と言った。人によって時期は違うものの、結局はみんな自然に回帰するようです、と伝えたところ、ひと言こうおっしゃった。「私の場合は"回帰"ではなく"悔悟(かいご)"だね」。

　あるとき、その老紳士に「ありがたさ」の反対語は何だと思うかと聞かれたことがある。その方が昔、母親から言われたことだという。老紳士は言った。「ありがたさ」の反対語はね、「当たり前」だよ、と。常にそばにあって当たり前のように思っているが、失って初めて、当たり前だったものの有(あ)り難(がた)さに気付くのだ、と。

　生物はすべて、死んで消滅し、そこに残るのは空白だけだ。人間も同じことだ。自然はそれを吸収し、循環させる。ところが人間は永遠を好み、長期にわたって変化せず、消滅せず、腐敗しない物を作り出す。都市には長期にわたり変化せず、消滅せず、腐敗しない物がたくさ

んある。人間がすべて消え去っても残り続ける物質だ。都市で生きる人が物をたくさん買って所有しても欠乏感を抱くのは、変化しない物に囲まれて、消えることも重要だということを知らないからではないだろうか。

　植物標本を机に置いて、何の保護もせず2カ月にわたり展示したことがある。乾燥してちょっと触れたら形が崩れてしまう葉と、そよ風に吹かれただけで飛んでいく種を見て、展示場のスタッフが心配していた。そこで私は、展示しているあいだに色褪せ消えていく姿を見せるのが自分の展示の意図だと伝えた。マナーの悪い入場者が標本に触れて展示物がなくなってしまうことがあっても、それも展示の一部なのだと。

　エネルギー保存の法則によれば、エネルギーは形を変えて別の場所に伝わるだけで、生成されたり消滅したりするものではない。自然にあるすべてのものは、形を変えながら循環し続けている。変化し、本来の形が消え、他のものへと姿を変える過程のなかに、人間も存在しているのだ。自然を身近に感じながら生きていれば、自分もその循環のなかにあることを悟り、不必要な欠乏と不安からもう少し自由になれることだろう。

ウルルン
鬱陵キク〔韓国語直訳〕 *Dendranthema zawadskii* var. *lucida*

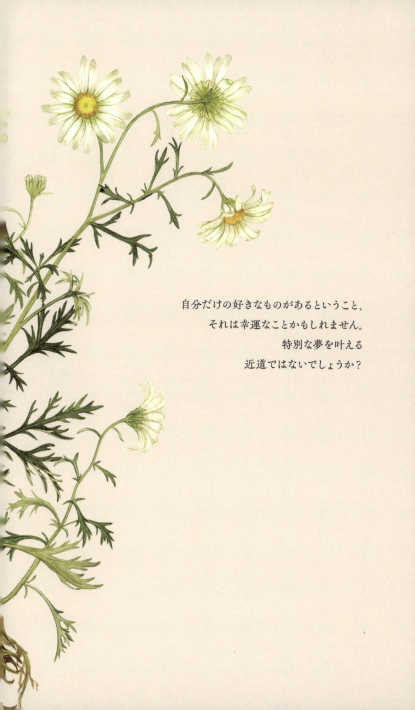

自分だけの好きなものがあるということ、
それは幸運なことかもしれません。
特別な夢を叶える
近道ではないでしょうか？

第 2 部

心が寒いときに
行きたい場所

「上手?」と聞くよりも、「楽しい?」と聞こう

「植物と子どもは似ている気がします」

子どもに美術を教えている相談者が、植物相談所を訪れた。美術を専攻し、何度か転職したのち、いまは子ども向けの美術教育をしているという。

自分の適性に合わない会社で働き、疲れた相談者は、退職して自然のなかでしばらく心を休ませようと思った。植物の近くで過ごすうち、それが無条件で施しを与えてくれる存在だと感じた。同時に、子どもに美術を教えながら、それと似た感じを受けたという。やっと自分がや

りたいことを探せたような気がすると語る相談者は、子どもたちとの話を聞かせてくれた。

　私も子どもの教育に大いに興味があるので、相談者と話せるのがうれしかった。私も常々、幼い頃から自然や絵画に親しませることが重要だと考えている。子どものうちにそうした環境に置けば、それは一生の財産になるからだ。記憶には残らなくても、心で覚え、貴重な経験として身に付くものだ。自然のなかで見たものを絵で表現することは人間の本能ではないかと思うが、子どものうちにそうした機会が持てなかったり、初めて触れたときに自由や幸福を味わえなかったりした場合、自然や絵から遠ざかってしまうのではないだろうか。

　大人を相手に植物の講義をしていても、そこに子どものような姿を発見することがある。植物を見ながら、不思議そうな顔で目を輝かせ、うきうきしている幸せな姿を見ると、講師としての満足感を覚えるとともに、子どものうちから自然の仕組みと美しさを知っていれば、もっと豊かでゆとりのある人生を送れたのではないかという気持ちになる。

　そういうわけで、子どもに対する自然教育は絶対に必要だと思い、展示会やイベントがあると、そこに子ども向けのプログラムを入れたり、子ども向けの講演の依頼があれば必ず引き受けるようにしている。しかし、いざ

子どもたちに会うと思うと、緊張して頭を悩ませることが多い。私には子どもがいないので、年齢別のレベルがよくわからないし、どんな働きかけ方がよい影響につながるかも考えどころだ。些細な行動や言葉でも子どもに悪影響を与えはしないかと、心配が先立ってしまうのだ。

相談者：子どもたちと遊ぶのがとても好きなんです。
私：子どもたちは何歳くらいですか？
相談者：6歳児です。絵を描くというよりも、絵と遊んでいると言ったほうが正しいかもしれません。楽しく遊びながら学んでいるのです。けれど親御さんたちは受講料を払っているので、子どもに何かしっかり身に付けてほしいと考えているようです。私は、子どもが元々持っている本能を、伸ばしてあげるような教育方法がいいと思っているんですけどね。一般に、感情を表に出すよりも隠すことを先に学びますよね。でも、子どもをありのままに見て、どう教えるのかを考えることが重要ではないでしょうか。
私：子どもに美術教育をしていて、親御さんから何か注文を出されることはありますか？　学校の宿題や美術大会の課題を見てほしいと言ってくる親御さ

もいるそうですが。

相談者：「うちの子は上手ですか？」と聞かれることが多いですね。「うちの子は美術がよくできますか？」「絵は上手に描けますか？」「美術を続けさせたほうがいいですか？」と。

私：どう答えてますか？　まだ子どもなのに、上手とか下手とかそんなに重要なのかと思いますが。

相談者：「上手でないといけない」という基準が、私にはよくわかりません。だから「楽しくやってますよ」と答えています。「絵を描くのが大好きで、興味があるようです」と、それだけ言うようにしています。

　相談者と対話するなかで、私が以前から持っていた悩みのひとつを解決できた。子どもに「上手」になることよりも「好き」であることの大切さを伝えるのが重要だということに気付いたのだ。これまで私は、子どもを褒めることが大事だと聞いていたので、「上手」という言葉をよく使っていた。上手だと褒めれば間違いないと思っていたが、再考する必要があると考えさせられた。

　植物相談所で相談者に会うと、相談される側の私のほうが、逆に気付きを得ることも多い。お互いのよいところを交換し合って、楽しく成長できる喜びが、植物相談所を続ける理由のひとつでもある。

イギリス郊外にある立派な城で開催されたワークショップに、一度参加したことがある。その城は詩人であり芸術活動の支援者でもあったエドワード・ジェームスの住まいだった場所で、いまは芸術大学として使われている。ワークショップの内容はとてもシンプルでフレンドリーなもので、城に宿泊しながら周辺の自然を観察し、1枚の小さな絵を描くことだった。参加者は、夏のバカンスでその地方に滞在している人や、興味本位で申請する近所の住民だ。プロの画家や趣味でふだんから絵を描いている人はいなさそうで、みんな年配の女性たちだった。

　私たちは3日間、城で提供されるおいしいビュッフェを食べ、おしゃべりをし、午後に1粒のイチゴを描いた。イチゴを1粒だけ描けばいいので、みんな楽しそうだった。初日に一番きれいなイチゴをそれぞれ1個ずつ、慎重に選んだが、いざ描こうとすると想像以上に難しい。種が多く、表面がデコボコしているせいで、ツヤのある質感を表現するのも大変だし、赤い果肉と緑のへたをうまく配置するのも容易ではない。描き始めると、全員が無言になるほど一生懸命だった。

　私の本来の目的はイチゴを描くことではなかったのに、知らず知らずのうちにうまく描こうと必死になっていた。絵を描くのに夢中になっていると、人の気配がしたので顔を上げると、イギリス人のおばあさんたちがイチゴを

立ち食いしながら私を取り囲み、私が絵を描くのを見物していた。そして「私たちはイチゴを描くよりも食べるほうが上手なのよね！」と言うのだった。まるで「イチゴは描くより食べるほうがずっと楽しいということが、絵を描いてわかったわ！」とでも言っているようだった。そして、そこには「あなた、ここまで来て何を必死になってるの？　疲れるでしょう。おいしいものを食べて、楽しくおしゃべりしましょうよ」という意味も含まれていた。

　「好き」なのは、誰かに教えてもらわなくてもわかる。それに対して、「上手」かどうかは多くの場合、子どもの頃に大人から評価してもらって気付くことだ。もちろん、子どもを褒めるためだとは思うが、こうした評価はなるべく後回しにしたほうがいいのではないだろうか。
　子どもの頃に言われた「上手」は中毒性が高く、その言葉を聞きたいばかりに頑張るようになる。それに振り回され、おばあさんになってから「好き」の重要性に気付くのは、悲しいことだ。私は小学校低学年の頃、美術大会に欠かさず参加していた。校長先生がわざわざうちの両親に、この子は絵がうまいと言うほどだったから、私は「上手」にどっぷり漬かっていた。幼い手で、画用紙の隅々までクレパスでしっかり塗るのは重労働だったが、私は絵を描き続けた。

そんなある日、道〔日本の都道府県にあたる〕の代表として美術大会に出品することになったのだが、大会の場で私は大泣きしてしまった。見知らぬ町で開催された大きな大会で、公正を期すために親から引き離された。不安でいっぱいの私は、絵のテーマもすっかり忘れて、色を塗るのもやっとだった。知らない場所で大人たちに囲まれ、怖くて泣いてしまったのだ。涙はいつまでもたっても止まらず、泣きじゃくっている私のそばに大会のサポーターが来て、未完成だった私の絵を急いで提出できるよう手助けしてくれ、母のところに帰された。

　それからしばらく、私は絵を描くことが嫌いになり、友達の前でもそう言っていた。私は両親に、一度も絵を描きなさいとか大会に出なさいと言われたことはなかった。「上手だね」と言われたこともない。うちの親は元々、そんな風に子どもを褒めることはしない人たちだった。大会で泣いてしまったのは、他の大人から言われた「上手」という評価のなかに、幼い私が閉じ込められていたからだ。

　あるとき、植物相談所にふたりの子どもが訪ねてきた。そして私に、「先生は何の花が一番好き？」と聞いてきた。私は、「どの花も好きだけど、なかでもリュウキュウコザクラが一番だよ」と答えた。幼い頃に子ども植物図鑑を見て知った花で、野原に探しに行き、初めてその名を

呼んだ植物だったからだ。私も子どもたちに好きな花を聞いた。ひとりの子は、色がきれいでずっと太陽を見ているヒマワリが好きだと言い、もうひとりは、自分はラッパのように声が大きいので、ラッパのような形のアサガオが好きだと言った。何かを好きになるのに特別な理由は必要ない。自分にとって大切な、小さな瞬間があるだけで十分だ。

　市内に入るときによく通る幹線道路があるが、通勤時間になると道沿いにアメリカアサガオがいっぱい咲いているのが見える。韓国では一般に雑草として扱われるアメリカアサガオは、花が少しこぶりで、鮮やかな青が美しい。朝咲いて、日差しが強まるとすぐにしぼんでしまうので、その道を朝のうちに通らないと見られない。幹線道路沿いにはマンションが立ち並び、朝にはマンションの影が道路のほうに長く伸びるので、アメリカアサガオのうち一部は朝の光を浴び、一部はその陰に隠れる形になる。

　ちょうどタイミングよくその道を通ると、日に当たっているアメリカアサガオは全部しぼんでいて、日陰にある花はまだ咲いているのが見られる。日陰には光があまり届かないので遅くまで咲いているのだ。ドミノのように立ち並ぶマンションと、マンションの形の陰。その陰にだけ咲いているアメリカアサガオはとてもかわいらし

い。そんなときは、すれ違う他のドライバーたちに、「あの花を見て」と言いたくなる。

　好きな理由を言うのは、上手であることを証明するよりずっと簡単で、楽しいことだ。好きであることに、特別な理由はいらない。好きなことは自然で幸せなことだ。私だけが知っているアメリカアサガオの姿のように、自分にとって大切で心が動く小さな瞬間が、何かを好きになる大きな理由になったりもする。人が植物と絵を好きになる理由は、多種多様だろう。それが好きな理由を各人が分かち合える授業こそが、一番よい授業ではないだろうか。

「会社を辞めてから、何度も海や山に行きました。
自然のなかにいると「何とか食べていけるだろう」という
気持ちになれたんです。
植物に勇気をもらいました」

アオツヅラフジ *Cocculus orbiculatus*

諦めた夢が
私を探している

　母は昔から作家になるのが夢だった。壁の一面を埋めている本棚には、昔の縦書きの本や手垢のついた文庫本がたくさんあった。ほとんど母が大学生の頃に集めた本だ。時折、本の扉に若かりし頃の母が書き込んだ短いメモがあって、私はそれを読むのが好きだった。日付とその日の状況、本を買ったきっかけが記されていた。

　文学書以外にも、母が書いた原稿が家に積み重なっていたことをよく覚えている。昔の原稿用紙に手書きの文字がびっしり書かれていた。けれど、いつの間にか母は

執筆をやめて、本を読むだけで満足だと言うようになった。大学時代によい賞を取ったこともあり、かなりの時間を執筆に費やしていたので、なぜやめてしまうのかと残念でならなかった。たぶん家計に余裕がなかったので、仕事をしながら子どもの世話をしていて、執筆の時間が取れなかったのだろう。また何か書いてみたら、と母に勧めたが、もう目も悪いし、それほど書きたいと思わないと言った。

　母のように新しい役割ができたり、あるいは思わぬ壁にぶつかったりして、夢を一時的に諦めたり、完全に諦めてしまった人を何人か知っている。

　ある日、海外から一通のメールが届いた。送り主は、海外で10年以上暮らして帰国するという韓国人で、海外にいるあいだ植物の絵を描いていたので、私と話してみたいと言った。

　仁寺洞(インサドン)のひっそりした喫茶店で、初めてその方と会った。母より少し若い方で、自身の悩みや身の上話をぽつぽつと語り始めた。

　その方は、海外に行く前に有名大学の環境工学博士課程に在籍していた。博士論文の審査を控えていた時期に、子どもたちの留学に同行した。思い悩んだ末の決断だったが、仕事と家族を天秤にかけ、家族を選んだのだ。子どもたちの世話をすることも、何ものとも比べられない

ほど大きな幸せだった。しかし、慣れない環境での生活に追われながらも、いきなり中断せざるを得なくなった勉強のことばかりが思い浮かび、心の片隅に常に空虚さが残っていたという。そんななかで、たまたま植物画のことを知り、自分で描き始めたとのことだった。

　韓国に戻ると、同じ研究室にいた同僚たちは教授や研究員になっていた。段ボール箱に入れたままの博士課程の研究資料を家でぼんやり眺めていたが、到底その箱を開けることができなかった。

　初対面なのに、その方は過去の話をしながら、仁寺洞の喫茶店でぽろぽろと涙を流していた。だが、目に涙をためたまま微笑みを浮かべると、こう言った。自分は環境工学と愛のうち、愛を選んだのだ、と。当時、私は4年間の博士課程に疲れ切り、さまよっていた。ところが、偶然に聞くことになった人生の先輩の心の内が、私によいアドバイスを与えてくれたのだ。

　夢を追いかけたり研究をしたりするなかで、本人の意志が強くても、周りからの口出しや予想外のハードルにぶつかることがある。不合理な壁や壁のような人が、目の前に立ち塞がることもある。

　個人的な環境の変化によって、想像もしなかった障害物に出くわすこともある。結婚して子育てをしながら研究生活を始めると、以前なら何でもなかったことが夢を阻む

ようになると言って悔しがる相談者に会ったこともある。

相談者：育児のためにブランクがありましたが、また研究がしたくなって、博士課程を受験して合格しました。もっと深く研究したいという思いはあるんですが、自分の欲にすぎないのかも、と懐疑的になってしまいます。先日、教授に研究のアイデアについて相談したら、教授から「その研究は必ずあなたがやらないといけないものなのか」と言われました。「自分からつらい思いをせずに、やりたいことだけやって楽しく暮らしたらどうだ。子育てのこともあるんだし」と言われて、力が抜けてしまいました。

私：博士課程の勉強がストレスではなく楽しみになるかもしれないのに。

相談者：韓国で母として、女性として生きることはとても難しいことだと、結婚して初めて感じました。結婚するまではまったくわからなかったのですが、すごく高い壁があるんです。結婚して子どもができてから、また学校に通い始めると、私とまったく同じ条件の男性は教授から「あなたは本当にすごいね」と言われるのに、私は真逆の見方をされるからです。

私：それはその教授にも問題がありそうですね。本当にその人がそんな価値観の持ち主なら、よい教授とは言えないと思います。最近は性別・年齢・職業・人種もさまざまな人が大学で勉強しているから、ほとんどの教授はそんなことは言わないのに、おかしいですね。

相談者：海外でもこうなんでしょうか。

私：どこも人間の暮らす社会ですからね、みんな似たようなものだと思います。ガラスの天井ならぬ竹の天井（アメリカなど多民族社会で、アジア系住民の高位職への昇進を妨げる目に見えない壁のこと）の話もよく聞きます。人種差別ですね。

植物相談所に来る20〜30代、特に社会人や転職の準備をしている女性の相談者から、想像以上に深刻な壁の話を聞いて驚くことがあった。これも「MeToo」のひとつだと言っていいだろう。想像するに、私が彼女たちと同年代なので、1時間ほど話をするうちに自然と悩みを吐き出したくなるようだ。差別だと訴えるのははばかられるし、不可視化された場所で起こる問題に腹は立つが、どうしたらいいかわからない。そうするうちに自らその壁に背を向けてしまうのだ。

特に20代前半の若い相談者の場合、陰に隠れたとこ

ろで起きている状況や、裏側でささやかれる言葉に、頭が混乱してしまうようだ。私も同じ年頃で似たような状況や差別的な慣習にしばしば出くわして困惑したが、若かったのでよくわからないまま見過ごしていた。だから、自分が苦痛を感じ、苦しければ、それは明らかに状況が間違っているのだと先輩顔してアドバイスしたものの、一方では植物相談所で思いもよらぬほどさまざまな事例を聞くことになり、実に残念だった。本来、ここは植物をテーマに語り合う平和な場所なのに。

　性差別だけではない。海外で暮らしていれば、人種差別も少なからず経験することになる。植物採集、植物園訪問、学会参加、研究員生活、展示会などで多くの国を訪れるうちに、私は人種差別に慣れてしまった。思うに、人種差別をする人は大抵、視野が狭いか教育不足であり、ある意味それはしょうがないことだと納得するようになった。ところが、ごくまれに高い地位にあり教育を受けた人が、しれっと人種差別をすることがある。そんなときはとても複雑な気持ちになる。私が出会った人種差別主義者はほとんど白人だったので、白人に会うときは無意識に警戒していたときもあった。

　そんななか、アメリカの先任研究官の話を聞いて、もう少し思考の幅を広げることができた。その方の親しい友人に、アジア史専攻の白人の学者がいた。多くの論文

を執筆した優秀な学者だったが、皮肉なことに白人だったために希望する研究所に入れなかった。なぜならその研究所はアジア系の人員の採用を希望していたからだ。どんなに頑張って研究しても、出自はどうすることもできない。就職できず悩んでいたところ、その学者は自分に料理の才能があることを発見し、レストランを開業して大成功した。いまはひとりで研究所を作り、アジア史の研究を続けているという。結果的に研究を続けることはできたが、人種差別の問題は解決していない。この話を聞いて、どんな人種でも差別されることがあるという点について、より深く考えるようになった。

　夢を自分から諦めたり、誰かによって諦めさせられた人は多い。そのいきさつを聞くと、あまりに悲しい。私もそうだ。あれほど好きだった植物の研究を中断せざるを得なくなったことがあった。研究をやめてからの3カ月は、外を出歩けないほど身も心も疲れ切っていた。挫折して2年ほどは、途方に暮れていた。あとで気付くことだが、なぜあんなにもつらい思いをしないといけなかったのだろう。

　とりあえずは状況が許さず、しばし諦めたとしても、いつかまた夢を追いかければいい。そのまま諦めるしかなければ？　もっと素敵な、別の自分になれるかもしれない。

いまあなたが育てている植物がうまく育たないようなら、
愛を減らしてみることをお勧めします。
愛を少し減らせば、私たちの人生にも人間関係にも、
待望の花が咲くかもしれません。

辺山セツブンソウ[韓国語直訳] *Eranthis byunsanensis*

植物へのロマンを
取り払ったら見えるもの

　植物学や植物画について講演するとき、話の枕に私が飼っている2匹の猫の写真を見せることがある。正直、かわいくて自慢したいからでもある。1匹目の「マドゥリ」は「馬が駆け回る野原」という意味の名前で、その名の通りとても活発な猫だ。もう1匹は「スンム」と言って、江華島(カンファド)から連れてきたので、そこの特産品である「カブ」を意味する名前を付けた。名前のようにとても大人しく、臆病だ。写真も猫の性格がわかるようなものが多い。
　私は写真を見せながら、私たちが判断する猫の性格と

その本当の性格は全然違うかもしれない、という話をする。猫に対する私の視線は、状況を恣意的に解釈しているかもしれないからだ。どんなに大切に育てていても、猫の真の性格や気持ちはわからない。人間が最も慣れ親しんでいる生物である犬や猫だってそうなのに、植物の気持ちなど、もっとわからないだろう。

アイルランドの哲学者リチャード・カーニーが書いた『異邦人、神、怪物』という本がある。この本は、人間が未知の生物に遭遇したり、初めての環境に直面したとき、すなわち異邦人に出会ったときの対処の仕方について語っている。たとえば人間が宇宙人に初めて会ったら、宇宙人に親しみを感じたり畏敬の念を持つ人がいる一方、ただ脅えて怖がる人もいるだろう。前者は宇宙人を神として、後者は怪物として判断したからだ。

未知の存在に遭遇した人間は、自分と異邦人に両極化された状況を解決するため、自分が理解できる範疇にその存在を収めようとする。リチャード・カーニーは人間の歴史を見つめ、人種差別や性差別のように、他者、つまり異邦人を深く理解できなかったことで発生した多くの社会的問題を取り上げている。私はこの本を紹介しながら、本のタイトルの末尾に「生物」という言葉を付け加え、「異邦人、神、怪物、そして生物」というテーマで、人間が生物をどう認識してきたかについて話を始

める。生物学が発達する以前、人間は多くの生物を勝手に判断していた。昆虫の変態のプロセスを知らなかったときは、昆虫が土のなかからひとりでに湧いてくると信じられていたし、ダイオウイカが海底の怪物と思われていたこともあった。

　私は書物のなかに植物が登場すると、その描かれ方に注意を払うようにしている。人間が植物に対してどんな考えや偏見を持っているかがわかるからだ。一般的に、植物は人間に対して寛大で、受動的な存在と考えられているようだ。しかし植物を研究すると、植物という存在が違って見えてくる。植物に対するロマンティックな視線を、少し取り払ってみてはどうだろうか。自然への漠然とした偏見やイメージのせいで、無意識に「グリーンウォッシング」をしてしまうかもしれないからだ。

　グリーンウォッシングとは一般的に、環境に悪影響を及ぼす製品を生産している企業や団体が、環境に優しいイメージをアピールするための偽装術のことを言う。ある製品がエコに見えても、よくよく見ると環境に悪影響を及ぼしていたり、生産過程で深刻な汚染や環境破壊が発生したりしていることもある。だが、このように悪意のあるケース以外にも、生物についての理解が浅いために発生する問題も、結果的にはグリーンウォッシングと見ることができる。

ロマンティックな発想のせいで、グリーンウォッシングが起こることもある。たとえば、アート作品を作る際に化学物質からなる絵の具の代わりに環境に優しい絵の具を使おうとして、野生植物を原料にさまざまな染料を作ったとする。これは結局、多くの野生動物を殺すグリーンウォッシングだと言える。

相談者：植物を染め物に使ったり、植物を使って作品を作ることを考えているのですが。

私：韓国の伝統的な染め物について調べると、植物由来のものがたくさんあります。タデ科のアイもそうですね。アイは道端によく生えているタデに似た形をしていますが、とてもきれいな青色が出ます。

相談者：本当にきれいですね。

私：染料のなかには、鮮やかな青色、インディゴという色がありますよね。それと似た色が出るのですが、実はインディゴという言葉も、外国のインディゴフェラ *Indigofera* というマメ科の植物〔コマツナギ属〕から抽出された色から付けられた名前です。これも植物染料の一種です。

相談者：そういった植物はどこで手に入るのですか？

最近は山から石ころひとつ持ってくるのも問題になったりしますよね。
私：そうですね。植物の知識のある人が山に入っても簡単には見つからないし、何よりも野生植物を持ってくることは環境破壊です。野生植物を使うよりも、農地で栽培するとか、薬材市場などで植物を買うほうがいいのではないでしょうか。どうすれば環境を破壊せずに植物を作品に活用できるか、一緒に考えてみましょう。

　私は展示のたびに、材料や家具が使い捨てにされることに頭を痛めている。展示スペースを造るには家具や補助部品が必要であり、改めて買ったりどこかから入手したりする必要がある。それらの展示補助具は作品ではないため、短期間の使用後にすぐ捨てられてしまう。最近はゴミを出さないゼロ・ウェイスト展示の試みもあるが、長期で綿密な計画が必要なので、完全な実行は困難だ。来場者には気付かれないが、私は廃棄された発泡スチロールやプラスチック、家具を使うよう努めている。だが、あわただしい展示期間にちょうど間に合う物を探すのはかなり難しい。

　見栄えをよくするために使われてすぐ捨てられる物も

あれば、愛のしるしとして使用されてすぐ捨てられる物も多い。修士課程に在籍中、先輩に誘われて、南山(ナムサン)の松の木を保護するアルバイトに同行したことがある。韓国の愛国歌にも登場する南山の松の木を救い、松以外の木を伐採するために木を分類するというプロジェクトだった。この調査については、講義でも何度か紹介したことがあり、なぜ私たちは松を保護すべきなのか、また、なぜ松が南山の生態系で優占種(ゆうせん)になれないのかを論じている。講義では植物学的内容だけを扱ったが、そのなかでは語らなかった興味深いエピソードがある。

　南山を訪れる観光客は登山道しか歩かないので、山中は意外に人の影が少ない。ところが、南山を登り降りしながら調査をするうち、私は捨てられた鍵をひとつ拾った。誰も来ない山のなかに真新しい鍵があったのが奇妙で、背筋がぞっとした。しばらくして、先輩も鍵をひとつ拾った。山の奥深くに立ち入るほど見つかる鍵の数は増え、結局、私たちは両手いっぱいの鍵を拾った。最初は不思議に思って拾い始めたのだが、両手が鍵でいっぱいになると、ふと「なんでこんなことをしているんだろう」という気がしてきた。だが、どう処理していいか困ってしまった。というのも、山のなかではゴミにしかならないので拾い集める必要があるが、金属製の鍵は集まるとかなりの重さになるからだ。

そのとき、山中からガサガサと音がしたかと思うと、見知らぬおじさんが現れた。誰も来ない山中だったのでお互い驚いたが、おじさんは私たちが地面に置いた鍵を、持ってきた米袋に無言で詰め始めた。おじさんが立ち去ってからわかったことだが、これらの鍵は南山の頂上で愛を誓ったカップルたちが投げ捨てたものだった。愛の錠前をフェンスにぶら下げ、鍵を深い山中に放り投げる。そうして鍵を永久に探せない状態にすることで、永遠の愛を願うのだ。私たちが鍵を持って南山の頂上まで行っていれば、かなりの数の愛の錠前が開いただろうけど。

　鍵を拾っていったおじさんは古物商の方らしかった。ある意味、おじさんが鍵を拾っていくことで鍵は永久に見つからなくなり、「永遠の愛」が守られているのかもしれない。ただ、永遠の愛のために錠前と鍵が絶対に必要なのだろうか。南山のフェンスにぶら下がった大量の錠前は、定期的に集められてゴミ処理場行きになるだろうし、二度と見つかってはならない鍵は、重力の法則に従って落下し、南山のゴミになるだけだ。

　「ふたりの愛」だけでなく「自然への愛」も実践してくれたらと思う。私たちの愛も、健康な自然のなかでこそ持続可能なはずではないか。私たちの何気ない行動の裏に隠された環境破壊やグリーンウォッシングについて

も、思いを巡らせてほしい。自然に対するロマンを取り払ったとき、真の「グリーン」の何たるかが、もっとよくわかるはずだ。

自然へのロマンティックな視線を、
少しは取り払ってみてはどうでしょうか。
自然に対するロマンを取り払ったとき、
真の愛に気付くことでしょう。

ナンバンギセル *Aeginetia indica*

植物図鑑にものっていない
神秘的な秘密

　植物は種から芽が出て成長し、葉を広げていく。季節になると花を咲かせ、実を結び、また種を生み出す。誰もが知っている、こういった明確な変化以外にも、植物は神秘的な姿を絶えず見せてくれる。植物の神秘的で重要な秘密は、おそらく植物のそばで植物の四季を見つめ続けている人だけが知っているものだ。

　子どもの頃に住んでいた家の庭には、アオギリの木があった。その後、引っ越し先の家にもアオギリがあったので、自然と毎日のように長時間アオギリを観察するよ

うになった。私はいまでも、アオギリを見かけると友達に会ったような気になる。私と兄はスベスベしたアオギリの枝をつかんで、よく木登りしていた。兄は横に伸びた太い木の枝に寝そべって昼寝することもあったし、私はアオギリの種を食べたり実を水に浮かべたりして遊ぶのが好きだった。

アオギリは、身近な場所でよく見られるキリとは系統学的に疎遠であり、見た目もまったく異なる。キリは薄紫色の合弁花(ごうべんか)を鈴なりに咲かせ、卵より一回り小さい楕円形の実を付け、それが秋になると茶色く熟れて割れる。一方、アオギリは薄い黄緑色の小花(しょうか)をたくさん咲かせ、萼片(がくへん)は反り返っている。幹と枝は緑色でスベスベしていて、その実は小舟のような形をしており、その小舟のへりに人が座っているような種の付き方も独特だ。初めてアオギリの幹や実を見た人は、口をそろえて不思議な形だと言う。それ以外にも、私は何年ものあいだ近くでアオギリを観察するなかで多くの秘密を知った。

アオギリの種を食べる人はあまりいないだろう。図鑑を見ても、その種を食用にするとは書かれていない。別においしいとか栄養があるわけでもないので、あえて食べるものでもない。韓方医学的には効能があって、たまに薬材として見かけるが、その種を炒めておやつにするのは、アオギリと親しいごく少数の人だけの趣味だろう。

私はたまにアオギリの種を拾って皮をむいて食べるが、それは父から教わった。父が思い出話に、子どもの頃にアオギリの種を食べたと言っていたので、私はアオギリの種の味を知っているのだ。

　アオギリの若い実は、小舟形ではない。小舟を縦に巻いて縫い合わせたようになっており、そのなかに小さな種が隠れている。まるで昆虫のさなぎのようだ。この時期、実を無理やりこじあけると、そのなかは薄い醤油のような液体で満たされている。小さな種は羊水のような液体のなかで次第に育っていく。実の成長とともに液体は徐々に減り、片側の縫い目に沿って実が割れると、小舟の形になるのだ。

　子どもの頃は、アオギリの実の変化がとても神秘的に見えた。特に黒い液体には驚いた。植物学の研究をするなかで、何度か他の植物学者にこの黒い液体のことを話したことがあるが、まだ観察した人には出会えていない。種を食べた人に会ったこともない。植物図鑑には書かれていない、こうした小さな秘密を知れることはささやかな幸せだ。

　植物相談所に自分で描いたシラヤマギクの花の絵を持って来てくれた家族がいる。最近、週末農業で野菜の栽培を始めてから、以前は知らなかった野菜の多様な姿に驚き、絵を描いているとのことだった。シラヤマギク

を買って食べていたときはいつも葉ばかり見ていたが、自分で育てるようになってからは花を見るようになった。そして思いのほか美しい花を見て、放っておけなくなったようだ。子どもと一緒に観察しながら描いた可憐なシラヤマギクの花の絵には、植物への愛情があふれていた。

　私：ジャガイモの実を見たことはありますか？
　相談者：ジャガイモの実ですか？　いいえ、見たことはないですね。
　私：ジャガイモとサツマイモの花と実を全部見たという人はあまりいないんです。これがジャガイモの実です。プチトマトみたいでしょ？
　相談者：まあ！　初めて見ました。
　私：ジャガイモもトマトもナス科に属しています。だから実が似ているんです。サツマイモはヒルガオ科の植物なので、花も実もアサガオに似ています。アサガオもヒルガオ科なんです。
　相談者：なるほど。そういえば、サツマイモの花は見たことがありますね。うちの親がサツマイモを育てていたんですよ。実は、今回描いてきたシラヤマギクの花も、家庭菜園に植えて初めて知りました。と

ころで先生、花瓶に挿しているのは何の花ですか？赤い色がとてもきれいですね。

私：これはイチイの花です。イチイは道端によく植わっていますが、この時期になるとこんな赤い実がつきます。ところが、花が咲いて実がなることを知らない人が多いですね。子どもの頃、私の家にはイチイがたくさんあったので、よく知っているんです。この赤い実は、食べるとちょっとベトベトしていて甘いです。子どもの頃は家にあるイチイの実をいつも食べていたんですが、植物学を専攻するようになってから種に毒があることを知りました（笑）。

相談者：なんと！

　植物に興味のない人と会うときは、ジャガイモとサツマイモの花と実のように、身近ではあるけれども、あまり知られていない植物の隠された姿について話すようにしている。そうすると、その人は100％植物に関心を持ってくれる。今回の相談者のように、植物に目覚めてまだ日が浅い人に会うと、植物の秘密についてできるだけたくさん教えてあげたくなる。年齢を問わず、相談者のように植物を育てながら何かを発見して不思議そうにしている様子や、うきうきと目を輝かせ、自分の発見を一つひとつ説明してくれる姿を見ると、私もとてもうれしく

なる。

　逆にひとつの植物と長く付き合っている人から、図鑑にものっていない秘密を教えてもらったり、新しい学びを得たりもする。私と同じく子どもの頃によくイチイの実を食べて、大人になってから種に毒があることを知った人に会ったことがある。「私も食べました！」と、まるで故郷の友人に会ったかのように思い出を共有し、死なずに元気でいられてよかったね、と冗談を言い合った。

　実際、本を見るとイチイの種子には毒があると簡単に書いてはあるが、その毒は少量だ。それにイチイ科には抗がん物質が含まれていることを思えば、単なる毒ではないかもしれない。むしろ少量の毒を少しずつ摂取することで耐性ができ、その毒の抗がん作用のおかげでもっと健康になれたのかも、と言っては笑い飛ばすことにしている。

　何年も観察し記録していても発見できなかった秘密を、来場者から教えてもらうこともある。展示場である新聞記者の取材を受けたときのこと。その記者はハマビワの実と種の絵をじっと見ながら、子どもの頃にこの実を食べたことがある、種はパチンコの弾に使っていた、と言った。ハマビワは済州島をはじめ南部の島嶼（とうしょ）地域で見られる植物だ。その記者は済州島出身なので、家の石垣の横に風よけに植えられたハマビワに詳しかった。

私はハマビワの絵を描くために何年も観察し、多くの標本を作って記録した。当時、研究室のプロジェクトでDNAの分析もし、ハマビワ研究に熱中したが、その実が食べられることは知らなかった。黒い実のなかにあるアーモンド大の種を手の平で転がしながらも、それが村の子どもたちのパチンコの弾になることも知らなかった。そんなことは図鑑や論文に書いてないからだ。絵を見るたび、自分は果たしてハマビワについてどれほど知っているのか、さまざまな植物種のことをよく理解するにはどれほどの時間が必要なのか、と思う。

　取材が終わったあとで、その記者はソウルでの記者生活を辞めて、元々の夢だった写真作家になって済州島に住みたいという夢を語った。あれから7年が過ぎ、その人は済州島で写真を撮っている。友達のようなハマビワとも好きなだけ会って、ひょっとすると、ハマビワの新しい秘密をもっとたくさん手に入れているかもしれない。

孤独な
チビっ子植物マニア

　植物相談所には、かなり多くの子どもが訪れる。展示でも、植物好きの子どもたちが意外にたくさん来てくれてびっくりする。親が子どもの趣味を知っていて連れてくることもあるが、子どものほうから親にせがんで訪れることもある。

　小さな手で植物をなで、キラキラした目で絵を見つめる子どもたちを見ていると、こちらも思わず笑顔になってしまう。植物の絵を見せながら、植物の解剖学的構造や独特な生態について話すと、子どもから「知ってるよ」

と言われて驚くことが時々ある。小さな手でじっくり観察し、自分で発見したのだという。ある子どもがサクラの葉を描いて見せてくれたときも、葉柄の腺点(ようへい)(せんてん)まで正確に描写されていた。腺点から出てくる樹液を食べるために周りをうろついているアリまで描かれているのには感心した。

　ある本に、6歳以前に子どもが自然と十分触れ合えないと、一生自然と親しくなるのは難しいと書かれていた。その時期を逃すと、自分も自然の一部であり、自然とつながっているという事実になかなか気付けなくなるからだそうだ。この本を読んで、子どものための自然教育の重要性を痛感し、子どもに会うたびに俄然(がぜん)興味が湧く。植物相談所に遠くから足を運んでくれた子どもを見ていると、将来は植物学者になるかもしれないと思って、その様子を注意深く観察してしまう。

　子ども向けの大衆教育プログラムにおいては、植物学者は常に動物学者に負けている。植物は子どもに人気がないため、私たちはいつも苦い思いをしていた。土壌学者よりはましだと自分を慰めてみても、恐竜学者でも登場した日には、私たちはさらに隅に追いやられてしまう。ほとんどの子どもは動くものが好きなので、植物は退屈で面白くないと思っている。恐竜や象のような巨大な動物を前にすると、子どもたちはさらに熱狂する。どうし

て植物好きの子どもは少ないのか、と悩んだこともあるが、こうした悩みはチビっ子植物マニアにも共通する悩みのようだ。

母親：うちの子は植物が好きなんですが、それを友達に話すと「なぜ動かない植物が好きなの？ 退屈で面白くないよ」と言われて気に病んでいるようです。うちの子は、植物のどこがいいのかを友達に話したがっているんですけどね。

私：「植物のこういうところが面白いんだ」というようにですか？ 私も小さい頃から植物が好きでしたが、他のみんなは動物のほうが好きでした。子どもは動くものが好きですからね。私から見たら、植物も頑張って動いているのですが、友達はそう思わなかったんです。

子ども：みんなは動物もあまり好きじゃないよ。ロボットやゲームが好きなんだ。

私：好みの違いではないでしょうか。私は子どもの頃は田舎暮らしで、母親が植物をたくさん育てていたので、気軽に植物と触れ合えました。植物図鑑を毎日見たり、父がよく旅行に連れていってくれたおか

げで、いろんな場所の植物ともたくさん出会うことができました。ところが、まったく同じ状況で育った兄は、植物にはあまり関心がなかったんです。何が好きになるかは人によって違うし、生まれつきのものもあるのではないでしょうか。実際、この子と私はこんなに似ていますよね。

母親：友達と共通の話題がなくて、寂しいみたいです。
私：人生とは、そもそも孤独なものです（笑）。
子ども：種を取ってきて、友達にも分けてあげたんだよ。植えてみたらって。芽が出た子もいたけど、植えてくれなかった子もいたし。興味がないって言って、種を全部捨てちゃった子もいたよ。僕が見てる前で、ポイって。

　かわいいチビっ子相談者を慰めようと、人生はそもそも孤独なものだと冗談を言ったものの、目の前で種を全部捨てられて深く傷ついた話を聞くと、思った以上に悩みは深そうだった。自分の子ども時代のことを思い出しながら、私の話を聞かせてあげた。
　大学の学部生のとき、植物分類学の研究室に入るまで、私の周りには植物が好きな友達はいなかった。幼稚園のときに植物図鑑でしか見たことのないゲンノショウコが、自宅の横を流れる水路に咲いているのを見つけた

ことがある。飛び上がるほどうれしかったが、それを友達には話さなかった。すでに友達が植物に関心がないことを知っていたからだ。小学生の頃はゴム跳び、お手玉、石蹴りなど、夢中で遊びながら友達とも仲良く付き合っていたが、やはり植物の話はしたことがない。子どもの頃はずっと田舎で暮らしていたが、田舎だからといって、子どもたちが植物好きになるわけではない。時々農家の友達の家に遊びにいって、大きく育った作物を見ては大喜びしていた。けれど、友達はつまらなそうな顔で、秋になったら親の収穫の手伝いをしないといけないと不満を口にした。私は、収穫のときはぜひ呼んでほしいと友達に言った。

　私が通っていた小学校の運動場の片隅に、大きなナツグミがあった。6月になると赤い実がいっぱいなるので、子どもたちは大喜びだった。一度、町内の子どもが集まって「ナツグミの実は食べられるかどうか」賭けをしたことがある。みんなで一粒ずつ実を取って口に入れたが、渋くてあわてて実を吐き出した。食べられないと言った子たちは、食べられると言った子たちに文句を言いながら帰ってしまった。私はひとりその場に残り、ナツグミの葉と実についた、変わった毛を観察した。そして、そのキラキラ輝くうろこのような毛が、自分の体内に入っていくことに不思議な快感を覚えながら、実をもいで食

べ続けた。

　私は何度も転校をした。学校が変わるたび、敷地を隅々まで歩き回り、どんな植物がどこに植わっているのか確かめるのが好きだった。中学生の頃はあらゆる植物の葉を取ってにおいを嗅いで回っていたが、ある日、歯磨き粉のようなにおいの木を発見した。その木は校舎の隅の庭にあって、丸く刈られており、緑の葉が生い茂っていて、これといった特徴はなかった。

　ところが、その植物のにおいは、他の植物の薄い草のにおいとは明らかに異なった。当時の自分にとっては世紀の大発見だったので、自分が植物マニアであることを隠し通すことはできなかった。親しい友達をひとりずつ連れてきて、葉をちぎってにおいを嗅がせたが、友達はさほど驚かなかった。卒業してわかったことだが、その木はゲッケイジュだった。

　学校では教育のためにさまざまな植物を植えている。私が通っていた中学校にはタイサンボクがあったし、高校にはモッコクやキンモクセイもあった。あとで知ったことだが、これらの木は南部地域でしか見られない品種だ。温暖な気候の下で育つ木なので、北部地域の生徒たちは、学校でこれらの木を見ることはできない。私はそれまで通ってきたすべての学校にどんな植物があるのか

把握していたので、地方によって異なる植物を植えていること、そしてそれが生徒たちの重要な財産になることに気付いた。大学院に進学してからは、指導教授や先輩たちが植物採集のために地方に行った際、その地域の小学校の植物を調査していることを知った。学校には、その地方を象徴する植物が多く集められているからだ。

　兄が愛読していた子ども向けの科学雑誌で、私は主に生物の特集記事を読んでいた。そのなかに植物の感覚に関する記事があり、その冒頭にこんなことが書いてあった。サルスベリを「くすぐりの木」とも呼ぶが、幹をくすぐると枝が揺れてくすぐったそうにするからという説がある、というのだ。それを読んだ私は、学校に行って友達に声を掛け、サルスベリの幹をくすぐってみた。たしかに枝は揺れたが、私がくすぐらなくても風で揺れていた。みんなから馬鹿にされたが、元々あいつは変り者だからと思われたのか、すぐに構われなくなった。

　高校生の頃には、いつも歩いていた川辺の散歩道で、川面(かわも)に見慣れない草が突き出しているのを見つけたことがある。その草は、茎ではなく葉の途中に実がなっており、これまで見たことのないおかしな形をしていた。花と実は必ず茎の先についているものと思っていたので、とても不思議だった。もっと近くでよく見たかったが、そのためには川のなかに入っていかなくてはならない。私は

スニーカーのまま川に足を踏み入れ、その草を持ち帰った。それはカヤツリグサ科に属するイヌホタルイだった。このときも我慢できず、母を相手に草のことを説明した。母も植物が好きだったので、しばらく話を聞いてくれたが、私のように大発見だとは思わなかったようだ。

いまでも自宅で深夜に顕微鏡をのぞき込んでいて何かを発見すると、うれしくてたまらない。だが、いまではわかる。私と同じように喜んでくれる人は、ほとんどいないということを。それに、真夜中には近くに誰もいない。だから飼い猫に解説をしている。おかげで、うちの猫たちは素知らぬ顔をしているが、かなりの植物学的知識を持っている。

私は子どもの相談者に、こんなふうに孤独だけれど楽しい時期を過ごしたこと、大学で植物分類学の研究室に入り、学会に行ってやっと自分と同じような人に出会えたこと、だからあと9年待てばきっと同じ仲間に出会えるはずだと話してあげた。その子は、最近ソウルから群山(クンサン)に引っ越したとのことで、それも孤独の大きな理由だった。私はこれまで一度も海辺で暮らしたことがないのを常々残念に思っていたので、海辺でしか見られない植物もあるから、群山で暮らしている君がうらやましいと、その子に言ってあげた。

自分だけの好きなものがあるのは、幸運なことかもし

れない。いまはひとりぼっちで寂しいかもしれないが、その道をまっすぐ進んでいけば、どこかで自分と同じような人に出会えるだろう。時が流れ、好きなことに対する経験や知識が豊かになれば、それを人に分け与えることもできる。そんなときに出会った人たちからは、格別の喜びや楽しさを感じることができるだろう。好きなものを手放さずにいることは、特別な夢を叶える近道なのかもしれない。

テツホシダ *Cyclosorus interruptus*

自分に合った環境で
大きく美しく育つ熱帯植物のように、
人間も各自に合った場所にいてこそ、
立派な実を結び、
花を咲かせることができるのではないでしょうか。

多様だから深くなるもの

　「生物の多様性」とは、地球で生きる種の多様性だけを言うのではない。そこには生態系レベルの多様性や遺伝的多様性も含まれている。多様性は自然を強くする。多様な存在が相互に結びつき、生態系を密にするからだ。健康な細胞がぎっしり詰まった頑強な樹木が健康な自然だとすれば、病気になってあちこち腐り倒れやすくなった木は、要(かなめ)の部分が外れた自然のようなもので、いまにも一気に崩れ落ちそうな状態だ。
　自然と同様、多様性は人間の社会も頑丈にしてくれる

だろう。ところが、人間の社会で多様性を作り出すのは、思った以上に困難が伴う。画一的なものを求める社会で、多様性を生み出してそれを認めさせるのは、容易なことではない。

　植物相談所で、私はオルタナティブスクールの卒業生や在校生、お子さんがオルタナティブスクールに通っている親御さんと、何度かお話しする機会があった。こうした人たちは、既存の学校の枠組みを脱して、教育の多様性を高める役割を果たしていると言える。新しいものに挑戦し、多くの人にはできない経験を得るのはよいことだが、その苦労も並大抵ではないように見えた。

　農業のオルタナティブスクールを卒業した相談者が訪ねてきたことがある。卒業後に農業関連の仕事に就いたのち、26歳になったいまでは放送通信大学の農学科で勉強していると言った。相談者は無認可のオルタナティブスクールを出て、高卒認定試験を受けた。学校を選んだ当時は、農業をやろうという意志が固く、いまでも農業が好きなことに変わりはないという。一般の学校では学べない、素晴らしいことを学んだようだった。

　そうするうちに、大学で学びたいことができた。一番いいのは大学に入学することだったが、そのためには大学修学能力試験〔日本の大学入学共通テストにあたる。修能(スヌン)と略す〕を受けねばならず、とてもその気にならなかった。修能

は多くの学生が大学入学のために通らねばならない関門であり、誰にとっても容易ではない。相談者と話をするなかで、一般の高校に通っていれば通過儀礼のように受ける試験であっても、ある人にとっては容易に乗り越えがたい頑丈で高い壁なのだという事実に、改めて気付かされた。

相談者：先生にはどんな夢があるんですか？

私：科学と美術が融合〔コンバージェンスconvergence〕された分野を学びたいという方たちが、たくさん訪ねてきてくれるんですが、韓国内の大学にはこのような学問を学べるところはないんです。なので、希望する学生に具体的なアドバイスをするのは難しいですね。この分野に関する歴史や概念についてもあまり知られておらず、誤った認識が生まれないか心配にもなります。海外のように、大学の専攻や教科が必要なのに、簡単にはいきません。

相談者：専攻というと、科学イラストですか？

私：絵だけでなく、異分野の学問領域を融合させたコンバージェンス教育は相当に深く、幅広いものです。生物別にもあるし、医学のほうでもかなり発展して

います。3D造形作業、地図製作、過去の資料から予測した模型やモデルなど、学ぶべきことがたくさんあります。科学的研究を深め、それを表現するためにはコンバージェンス教育課程が必要ですが、海外のように学部や大学院には該当する学科がありません。せめて教科がひとつかふたつあればいいのですが、それもないのです。潜在力のある真面目な学生がいても、国内に学ぶ場所がないので、海外の大学を勧めています。残念ですが、これは学生にとって、かなり制約があることですよね。だからといって、私が植物研究をやめてそこに時間をつぎ込むこともできません。

植物相談所には、科学と美術のコンバージェンス教育を受けたいが、どうしたらいいかわからないという相談者がかなりたくさん来てくれた。趣味で描く絵ではなく、大学レベルの専門的な勉強がしたいというのだ。ところが韓国内には科学的知識や先端技術を使った表現方法を教えるコンバージェンス教育課程がないので、いつももどかしい思いをしていた。植物分野だけでも自分で教えてみようと思い、かなり専門的な内容で1年間の授業を開いたこともあるが、1年という短期間では難しいことがわかった。

学部時代に履修した動物解剖学や植物形態学の授業には、生物をより理解するためにスケッチを描く課程があった。指導教授の世代は形態学的研究がいまより盛んで、スケッチの授業ももっと多かったそうだが、最近は生物採集や科学スケッチの授業はほぼなくなってしまったようだ。生物学科の学生にとって絵を描くのは大変だとしても、科学優先の生物学科のなかにスケッチの授業があるのはよいことだと思った。

　一番いいのは、専門的なコンバージェンス教育課程を作ることだ。韓国の大学でこのようなコンバージェンス教育ができないものかと親しい教授たちに聞いてみたが、いまの大学の仕組みのなかでは非常に難しいことがわかった。結局、小さな研究所や学校を作るのが一番手っ取り早そうだが、それも容易なことではないだろう。ある教授は、それは十字架を背負うのと一緒だと言ったほどだ。教育と学問に多様性があってこそ、社会もより多様になり、さまざまな角度から発展するはずなのに、新しい場を作るのがこれほど難しいことだとは思わなかった。

　論文を執筆するときも、多様性の重要性についていつも考えている。一度、植物学の修士課程を修了したある相談者から、「科学者にとってプロとアマチュアの違いは何か」という質問を受けたことがある。その相談者は、

いかに気の進まない研究でも、流行分野で研究費さえ取れれば文句を言わずにこなす先輩を見ながら、「こういう人たちをプロの研究者と言うのだろうか」と思ったそうだ。その一方で、「ただ研究費をもらうために仕事をしているのだから、アマチュアというべきかもしれない」とも考えたそうだ。

　私が思うプロの研究者は、多様なテーマで論文を出せる人だ。まだあまり論文を書いていない新進研究者が、自分で実験・分析したもの以外の新しい分野の論文を書くというのは、かなり難しいことだ。世界中にあふれている自分の研究分野の論文をもれなく読み、そこでまだ明らかにされていないことを一歩踏み出して発表するのが論文だ。研究の世界に足を踏み入れたばかりの人が、新たな実験と分析を身に付け、それまでに発表された他の分野の論文を全部探して読んだのち、そこで新しい内容の論文を書くのは、相当に困難だ。

　私は論文をたくさん執筆している学者を見つけると、論文リストを見るようにしている。その研究者が、似たような実験や分析方法を使って、その材料と分量を少しだけ変えていくつかの論文を発表しているのか、あるいは多様な分野の論文を書いているのかを確認するのだ。多様な論文を書いているとしても、他の分野の研究者の実験に協力したのか、あるいは自分がメインでその研究

を行なったのかもチェックする。自分の主分野ではないことについて、多くの論文を主導的に発表し続ける学者は本当にすごいと思う。こうした学者のなかには、ふたつの分野を統合し、まだ誰も書いていない創造的な論文を書く人もいるし、新しい学問を生み出す人もいる。

アメリカ在留中に先任研究官だったデニス・ウィッガム博士がまさにそんな学者だった。ある日、博士から研究員の任期が終わったら何をするつもりなのかと聞かれた。私は考えながら、自分があまりに多くの分野に関心や好奇心が向いているので心配だと話した。生涯ひとつのことだけを深く研究した学者たちのように、ひとつの分野の研究を貫けるかどうか悩んでいたのだ。韓国にいたときも、私は関心のある分野が多すぎて、周囲からも心配されていた。

すると意外な答えが返ってきた。「私もだよ」と、デニス博士は明快に言った。自分もいろいろなことに関心がありすぎて、自分が書いた論文を見たら、主な研究分野がどこなのかわからないと思われるだろう、と言うのだった。デニス博士は、一般の人にも花の複雑な構造が理解しやすいように、美術家と協力して折り紙の花を作るプロジェクトを進めていた。紙に印刷されたQRコードをスマートフォンで読み取ると、科学的な説明が表示されるサービスも、研究室のメンバーと開発していた。

ためらうことなく新しいことにチャレンジする姿は、実に素晴らしいと思った。博士は音楽への造詣も深く、オーケストラの公演があれば必ず足を運んでいた。広い関心分野とさまざまなチャレンジが、博士の研究をより深いものにしているのだろう。だから私にも、幅広い好奇心を持って多様なことに手を出すのはいいことだ、心配する必要はない、と言ってくれたのだ。

　もちろん、私のような新米の研究者は、深みのある研究をして、論文をたくさん書かなければならない時期でもある。頑張ってひとつの道を貫いている同僚の学者たちを見ていると、なぜか私まで笑みがこぼれてしまう。冗談半分に「大学者様（テ ハクチャニム）」と呼んで励ましたりもする。そうした学者仲間と比べて、私は好奇心が強いのか、周囲や他人に対する関心が高い。そのため、将来優れた学者にはなれないかもしれないと思うこともある。

　でも、かまわない。私は優れた学者になりたいわけではなく、楽しいこと、幸せなことをしているのが好きなのだから。私は植物学者になろうとしたわけではなく、植物について学ぶのが好きだった。画家になろうとしたわけではなく、絵を描くことが好きだった。そして、好きなことがちょっと多いだけなのだ。

樹齢数百年の
ご神木から学ぶこと

「あなたにとって植物とは、どんな存在ですか？」

植物相談所を訪れる人たちに、私はしばしばこのような質問をする。植物相談所に来るくらいなので植物好きな人が多く、大抵ポジティブな答えが返ってくる。「癒されます」「緑が好きなんです」「花が咲くととてもかわいらしくて」といった答えにとどまらず、「常に何かを与えてくれる存在です」「そこにあるだけで完璧で幸福な存在です」という回答もある。

ふだんはそれほど植物に関心のない人が植物相談所に

来ることもある。そういう人に同じ質問をすると、「深く考えたことがない」とか、果ては「背景に過ぎない」という答えもある。「木や電柱と変わらない」という答えを聞いたときには、かなりショックだった。

「自然」という単語自体を否定的に見る人はいないが、実際に植物や動物に接すると拒否反応を示す人はかなり多い。植物を見て「近づくとアレルギーが出そう」と言う人もいるし、特に昆虫を怖がったり嫌う人は皆、昆虫のことを「虫」と呼ぶ。こうした人たちは自然のことを、「汚い」「危ない」「邪魔だ」と思い込んでいるのだろう。

植物相談所に、大学生くらいのふたり連れの相談者がやってきた。友達同士だというふたりは、成長する過程で植物と触れ合った度合いは違うものの、ふたりとも普段は植物とあまり縁がなさそうだった。ひとりは植物好きの父親の下で、自然に植物と触れてきたが、特に植物に関心はなく、最近になって少し興味が湧いてきたという。もうひとりは植物にまったく関心がなく、友達に付いてきただけとのことだった。

私は、このふたりが植物をどんな存在だと思っているのか知りたくなった。そして、一度深く考えてみてほしくて、植物という存在やその立場について話し合うことにした。

相談者は最初、植物は「機械的な存在」に見えると言っ

た。太陽光と水があり、栄養分が豊富な環境があれば、葉を広げて根を生やし、環境が悪ければしおれ、また条件さえよくなれば成長するという、その単純さゆえにそんな感じがするのだという。だから茎を切ったり刻んだりしても痛くないし、大木の枝を折ることも髪の毛や爪を切るのと同じような気分なのだそうだ。

　植物のデリケートな形態と精巧な生存戦略を見ながら、私は一度も植物を機械のようだと感じたことはなかったので、その相談者の答えを聞いて驚いた。もちろん、人間より寿命の長い木を見れば、恵まれた環境のなかで細胞を増殖させ続けてきたのだから、そう思うのも無理はないかもしれない。しかし、いくらでも作り出せる無生物の機械とは異なり、毎年のように消滅し、もう二度と会えない絶滅危惧植物もいる。いつもそのことを心配している私にとっては、悲しい答えだった。

　そこで私は相談所の鉢植えを指して、もしあの植物が「根を張るには、この鉢は狭すぎる。苦しい」「花を咲かせるために養分が必要なのに、なぜご主人様は放っておくのか」「強い日差しが必要なのに、30年待っても十分な光が浴びられない」などと感じていたとしたら、どう思うかと聞いてみた。相談者は、これまで植物の気持ちを考えたことは一度もなかったが、とても胸が痛いと言った。

私の話に静かに耳を傾けていた、その植物に関心のない相談者は、心配顔でこう質問した。植物にまだ解明されていない痛みの感覚があって、「これまでずっと痛かった」と言われたらどうしよう、と。植物も生き物であることをわかってほしいと思って持ち出した話だったが、相談者に余計な心配をさせてしまったかもしれない。

　学生の頃から親しくしている、他大学の植物分類学の研究室の先輩がいる。一緒にプロジェクトをやったり、植物の採集に同行したり、学会でもよく顔を合わせるうちに意気投合した。何よりもその博士は学生の頃から社交性があり、面白い人だった。時々うちの研究室に遊びにきては、植物採集旅行で起きた珍事件について楽しそうに話し、研究室のメンバーを笑わせたものだ。

　あるとき、ご神木を採集するという話になった。村の入り口にある古いご神木は、村の守り神として神格化された存在だ。村で大事にしている民俗信仰的な意味とは異なるが、植物学的にも重要な個体たちだ。樹齢が古く保護樹に指定されているケースが多いが、戦争が頻繁に繰り返された韓国には古木が少ないため、植物学の研究・調査のいい資料になる。ご神木として地域ごとに違う種類の木が植えられているのも注目すべき点だ。よく見られるケヤキの他、イチョウ、エノキ、カキ、ヒトツバタ

ゴなど種類が多様で、南に行くとクスノキ、ホオノキ、ツバキのような暖帯性(だんたい)の樹木も見られる。

こうした理由でご神木の調査や採集を行なう場合があるが、私が知っている植物学者たちは、誰もがご神木の採集を嫌がる。草のように根こそぎにして殺してしまうわけでもなく、大きな木から小枝を切る程度なのに、それでもためらうのは、ご神木を切ったり害を加えたりすると災いが起きるという迷信があるからだ。植物学者は科学者だからそんな迷信は信じないだろうと思うかもしれないが、実はけっこう気にしている。なるべく他の人に採集させようとしたりもする。

あるとき、私の先輩の博士も心配しながら同僚たちと一緒にご神木を採集した。ところが、そのあとが大変だった。博士と同僚たちがその帰り道に遭遇した数々の事件について聞かされ、どれだけ笑ったかわからない。その日は研究室の人にとって、まさに「運のよい日」だったというのだ〔「運のよい日」は日本の植民治下の1920年代に書かれた玄 鎮健(ヒョンジンゴン)の短編小説のタイトル。貧しい人力車夫が運よく客に恵まれ、その稼ぎでしこたま飲んで帰ると、病気の妻が息絶えていたという皮肉な物語〕。私は笑いながら、「やはりご神木には気を付けなくちゃね」と言った。

ニセアカシアは単にアカシアとも呼ばれ、かつてはハゲ山を素早く植林し、蜜を手に入れるために好まれた。

しかし、いまではしつこい生命力を持つ外来種という否定的なイメージも強い。あるとき、保護すべき木と伐採すべき木の仕分け作業に参加した私は、山のなかで巨大なニセアカシアを見つけた。古木ではあっても、ニセアカシアは外来種だ。他の木の成長を妨げると思い、伐採すべき木に分類して赤いひもを巻いた。

　そうして木に背を向けたとき、なぜか背筋がゾクッとした。そのときあとから来た先輩が、こんな古い木を切るのはかわいそうだと言って、その赤いひもを解いてくれた。それ以来、巨木をみるたびニセアカシアの木を思い出す。変な話だが、私は先輩に救われたような気がした。先輩が赤い紐を解いてくれなかったら、いまでも罪悪感にさいなまれていたかもしれない。

私：神霊とでもいうのか、植物の魂を感じる瞬間があります。自然科学者の私に、こういう表現は似合わないかもしれませんが、しばしばそんな感じがするのです。

相談者：さっき、植物はどんな存在かと聞かれたとき、実は神聖なものと答えようとしたのですが、不適切な表現のような気がして、口に出しませんでした。

でも、いまのお話を聞くと、神聖という言葉が一番ピッタリですね。でも、ちょっと怖くもあります。

私：植物採集に行くと、よくそんな気分になりますよ。

相談者：もし本当に植物が神聖なものなら、植木鉢に植えて家に置いておくのは、聖母マリア像を家に置くようなものではありませんか。もっと大事にしてあげなくちゃ。

「好きでやってるのは間違いないのに、
学会のときと同じことがあると、とても不安になります。
自分がひとつの道にこだわりすぎているのかと
それが悩みです」

ハマボッス *Lysimachia mauritiana*

第 3 部

明日を
準備する植物が
教えてくれたこと

冬のあいだに準備して咲く花のように

　植物に親しみのない人に興味を持ってもらう一番の方法は、農作物の話をすることだ。私は野生植物の研究者なので、かれらの知られざる話について紹介したいところだが、野生植物を見たこともない人にはあまり響かないようだ。そこで、私たちがいつも食べている穀物や野菜、果物など、誰もが知っている農作物を例に挙げて、植物の話につなげるようにしている。

　農作物だけ見ても、面白い話は多い。原産地、起源となる野生種、味をよりよくし、豊かに実らせるための農

業技術、植物が人類史に与えた変化などについて知るのは面白いし、普通の人は大抵、商品として売られている作物の一面しか知らないので、その裏に隠れた植物学的知識を教えると喜んでくれる。たとえば、毎日のようにコメを食べていても、イネの花を見たことのある人はほとんどいない。

 私：私たちが食べているコメはイネに実ります。イネがどのように育つか、見たことはありますか？
 子ども1：田んぼで見ました。
 私：では、イネの花を見たことはありますか？
 子ども2：いいえ、ありません。
 私：イネにも花が咲くんですよ。あの花瓶に挿さっているのは、イネに似た種類の植物ですけど、見えますか？　この黄色いの。
 子ども3：わあ！　何だ、これ？
 私：これは雄しべです。イネにもこんな花が咲きます。
 子ども3：この小さい一つひとつが花なんですか？
 私：はい。このなかにある実が大きくなって、米粒みたいになるんです。黄色いのが雄しべで、ここに飛び出ているの、これが雌しべです。

子ども3：へえ。この白いのが雌しべだって。不思議！

　果てしなく広がる金海(キメ)平野で暮らしていたことがある。家の周囲はすべて田んぼで、家を出ると目の前に大小の用水路や碁盤の目のような畔(あぜ)が見えた。四方を見回しても何の障害物もなく、ひとりで立っていると幻想的な気分になった。遠くから眺めると、田んぼは空っぽだったり、緑色や黄金色(こがね)に覆われ、動きがないように見えるが、田んぼの真ん中で暮らしていると、それが時々刻々と変化するダイナミックな場所であることがわかる。

　水が流れ込んでは抜けていき、田植えが始まると土は浅葱色(あさぎ)に覆われる。イネが花を咲かせる頃になると、広い田んぼはまるで花畑のようになり、黄金色の穂が揺れ始めると、米粒がどれほど実ったら稲刈りが始まるのかを見守った。ある日、平野の上が真っ黒な雲に覆われ、あたりが急に暗くなったので、私は雲を見物するために田んぼに飛び出していった。大きな用水路の横に、トラクターが通れるほどの広いあぜ道があり、そこに立つと両側に素晴らしい景色が広がった。ゴッホの『カラスのいる麦畑』よりも壮観だった。収穫を終えたばかりの田んぼの上に、カラスとカサギが真っ黒に群れを成していた。そのさまはヒッチコック監督の映画『鳥』のワンシーンのように恐ろしかったが、私の気配に気付いて一

斉に飛び立った鳥たちは、黒い雲をさらに真っ黒に覆った。落ち穂をついばむ動物たちの宴(うたげ)が終わると、農夫は短く刈られて干からびたイネの切り株に火を放った。火の手は絵の具がにじむように低い位置から燃え広がっていったが、その火が移動すると共に煙が立ち上った。四季の移ろいに伴って成長するイネと、そのイネを手間暇かけて世話する農夫の労苦を見ていると、イネは私にとって口に入れる穀物である前に、花を咲かせ実を結ぶ植物だった。

　イネのように、農作物はすべて商品として売るために、かなりの手が加えられている。根菜類は側根(そっこん)がすべて刈られて主根(しゅこん)だけが残され、果物のヘタは決まった形に切られ、葉物野菜は黄色くなった葉がすべて除かれている。ブロッコリーは多くのつぼみの集合体だが、そのなかに花の咲いた房(ふさ)を見つけることはできず、ニンニクの芽と言われるものは、花軸の部分から花の頭を切ったものだ。それでも、あまり目立たなかったり食べても問題ない場合には小さな組織や痕跡が残されており、それによって作物は、自分が植物であることをアピールしている。

　その一例として、よくイチゴの話をする。イチゴはバラ科の植物で、実の構造が特徴的だ。私たちが口にするイチゴの果肉は、正確に言うと花托(かたく) receptacle といい、花弁、雌しべ、雄しべなどの花の構成要素がくっついた偽果(ぎか)な

のである。つまり、私たちが食べているのは、花托が肉厚に膨らんだものだ。赤い果肉に付いている緑色の部位は、萼(がく)が残ったもので、その緑色の覆いを裏返して内側の果肉と接した部分を見ると、何本かの雄しべがぐるりと丸く残っていることがわかる。イチゴの種と呼ばれているものは、すべて果実であり、虫眼鏡で見ると小さな毛のようなものが1本ずつ付いている。これは雌しべが残ったものだ。一般にイチゴは、種は多いがリンゴやモモと同じような果物だと思われているので、観察授業でこうした植物形態学的構造を説明すると、誰もがびっくりする。

　種ができる植物なら、すべて花が咲く。それより原始的なワラビやコケ類は胞子を作る。植物はすべてこのような生態を持っている。農作物も植物である以上、同様だ。毎日の食糧であるイネの花のことや、他の果物とは形態の違うイチゴの構造について、興味を持たない人が多いのはなぜなのだろうか。農作物の植物学的特性について説明するたびに、不思議に思う。

　『植物学者のノート』という本を出版したことをきっかけに、何度かラジオ番組に出演したことがある。ある日の放送後、DJから個人的に、本に出てきた冬芽(とうが)のことが印象に残っていると言われた。花というのは、春に

突然咲くのではなく、冬のあいだに準備をして花を咲かせる、という内容が興味深かったそうだ。植物の成長過程や、その絶え間ない変化について知っていれば、植物が計画を立て長い準備をするのは自然なことに思える。植物の立場で考えれば、成長が鈍化する冬が終わるやいなや、すぐ花を咲かせるのは不可能なことだろう。冬芽は夏の終わり頃から作られ始める。冬芽を切ってみると、すでに翌年に咲かせる花や葉が、小さいけれど完璧な状態で作られているのがわかる。春になると突如として幻想的な花が咲くように見えるが、その実、かなり長い期間をかけて準備した結果なのだ。

　科学者の実験は、数年、数十年という時間がかかることもある。大学に入って間もない学生にDNAの増幅実験をやらせると、失敗に終わることが多い。繊細な手技(しゅぎ)が身についていない、必要な段階が抜けている、条件をそろえられないなど、その理由はさまざまだ。

　実験結果を確認したところ、待ちに待った植物のDNAではなくホモサピエンスのDNAが検出され、なぜ植物の研究室で人間のDNAが出るのかと、先輩に笑われたこともある。こんな初心者の笑える失敗も、度重なると意気消沈してしまう。さらに次第に複雑な実験と分析を行なうようになると、どの段階で失敗したのか原因を突き止められず、大きな挫折感を味わうこともある。

新しい研究結果は、最初に論文として発表されるので、論文を書く科学者はみな、一種のパイオニアだ。そのため、実験に失敗した原因は誰にもわからないことが多い。こういうときは、実験と関連した分野の論文を改めて読み直し、条件を変えて再チャレンジする必要がある。問題解決への執念と創意性がなければ、実験は失敗が続く。入念に実験の過程を記録しておかなければ、失敗は繰り返される。だが、時間と共にいつしか冷静になり、実験の失敗に一喜一憂することはなくなる。こうして挫折を乗り越えた超越の境地に至ったとき、必要なデータがすべてそろい、論文は完成する。論文には科学者の挫折について書かれることはないが、論文を読めば科学者がどれほど長く苦しい努力を続けたかがわかるものだ。

　おそらく、科学以外の分野でも同じだろう。絶えず成長を続けて明日を準備する植物のように、また、それに合わせて計画して働く農夫のように、何事もひとりでに生まれたり、いきなり達成されたりすることはないものだ。

タケシマジャコウソウ *Thymus quinquecostatus* var. *magnus*

絶えず成長を続けて明日を準備する植物のように、
それに合わせて計画して働く農夫のように、
何事もひとりでに生まれたり、
いきなり達成されたりすることはないものです。

なんちゃって菜食主義者

　世界の人口成長グラフを見ると、1800年代以降からグラフの曲線が急激に上昇している。爆発的に増加した人口の腹を満たすために、人間はどれほど多くの作物を栽培しているのだろうか。人間の生存と密接に関わる植物は、環境にうまく適応し、生産量が豊富で、味もよくなるよう、高度な改良が加えられてきた。

　世界3大穀物といえばトウモロコシ、コメ、ムギだ。多くの個体が陸地を覆っているので、かれらを地球上で大きな成功を収めた種と見る観点もある。人間のコント

ロール下ではあるものの、地球全体の生物種のうちでも、かれらは多くの子孫を繁殖させることに成功したのだから。

人間が生存のための最低限の作物だけを育てているのかというと、そういうわけではない。その味にも強い関心を持っている。このような観点から見れば、人間にとっておいしければ、その種は地球上でより成功しやすいと言える。たとえばアボカドのように。

相談者：小学校の2年生くらいから、肉は食べなくなりました。特に理由はなく、子どもの頃は動物保護にも関心はありませんでした。小学校2年生のとき、たまたまテレビで豚肉ショック〔1979年、豚肉価格の暴落で、養豚業者が処理に困った子豚を生き埋めにするなどして社会問題となった〕のニュースを見て、「今日から豚肉は食べない」ときっぱり宣言をしたんです。それ以来、一度も肉は食べていません。給食は残しちゃいけない時代だったので、おかずが肉のときは食べたふりをして吐き出し、そっと捨てていました。

私：変わった子どもだったんですね。

相談者：それから30年近く菜食なんですけど、植物

も生きていると思うと心が重くなることがあります。植物に感謝しながらも、「自分は植物に何かしてあげられるだろうか。少なくとも何ができるのか、何をしてはならないのか」と思ってしまうんです。

私：私も自分なりに努力していますが、欲をすべて捨て去ることはできませんからね。諦められないこともたくさんあります。

相談者：ある日、夫から「アボカドは食べちゃだめだ」と言われたんです。アボカド農場が深刻な問題を抱えているという理由でした。だから、夫に文句を言いました。どうしてそんなことを言うのか、知りたくもないことまでわざわざ教えてきて、なぜアボカドまで食べさせまいとするのかって。「アボカドを食べるべきかどうか」なんて考えるのは、あまりに極端じゃないのかと心配になりました。

私：まったく旦那さんたら！（笑）でも、私は極端だとは思いません。アボカドがおいしすぎて、恨めしいですね。ちなみに、肉については同じようには思わなかったのですか？　肉が大好きで菜食を実践できない人がほとんどですが。

相談者：小さい頃から食べていないので、肉の味を知らないんです。だから、肉が食べたいと思ったことも一度もありません。でも、アボカドは味を知って

いるから、とても悲しくて。こんなことに悩むなんて、おかしな話ですが、でも……。

アボカドは他の作物と比べて栽培に大量の水が必要なので、水問題が発生する。アボカドの輸出はかなり儲かるので利権争いが頻繁に発生し、農地拡大による生態系の破壊も深刻だ。こうした問題は広く知られてはいるが、アボカドを遠ざける人より、アボカドに味を占める人のほうが多いようだ。

アメリカに留学してうれしかったのは、韓国では高くて手の出せなかった果物を、安く好きなだけ食べられたことだ。こうした果物のひとつがアボカドだった。しかし、私はすでに相談者のようにアボカドの問題をよく知っていたので、アボカドを見たり食べたりすると、なんだかもやもやした。それで、アボカドを思う存分食べることはできなかった。

8年前のこと、イギリスで非常に厳格なヴィーガンに会ったことがある。スコットランドから来たかわいらしい学生で、ロンドンの同じゲストハウスに宿泊していた。家族全員が厳格なヴィーガンなので、幼い頃からヴィーガンとして育ち、火を使った調理もほとんどしないという。夕食時にゲストハウスの宿泊者が食卓に集まると、その学生はおしゃべりをするあいだに袋いっぱいのミニ

キャロットを平らげてしまった。その量に驚いたが、正真正銘のヴィーガンであれば、ニンジンから必要なカロリーを取るにはそのぐらい食べて当たり前だと思った。

ニンジンの次は、生米をおいしそうに食べていた。この様子を見ていたゲストハウスのオーナーが、「やっと謎が解けた」と言って笑った。オーナーはアジア人のために米を購入したが、誰も手を付けないので、長らく食器棚に置きっぱなしだった。ところが、その米が最近、調理した痕跡もないのにどんどん減っていくのに気付き、不思議に思っていたのだそうだ。

私はその学生に、ヴィーガン生活をするなかで健康上の問題はないかと尋ねた。その学生によれば、草食動物のように性格が穏やかになるので、けんかになったときに戦闘力がないこと以外は特に問題はないということだった。

植物の研究をするなかで、環境保護と肉食の問題について考えるようになっていた私は、その学生の話に勇気づけられ、韓国に帰国してから菜食を始めた。その学生のように厳格で完璧な菜食は無理でも、最善を尽くした。体が少し軽くなり、長く悩まされてきた肌のトラブルや免疫疾患も改善した気がした。

そうやって1年近く菜食を続けていたある夜のこと、気力の衰えを感じ、体がひどくだるくなった。私はふと、

肉を食べれば治るような気がした。まるで薬を飲むかのように肉を食べて眠りについたところ、翌朝はいつになく軽やかに、すっと目覚めることができた。さらに驚いたのは、視力がよくなって、周囲のすべてのものがはっきり見えるようになったことだ。こんな私の菜食体験を話すと、みんな最初は、植物学者による環境問題の話に身構え、真剣に耳を傾けた揚げ句、視力がよくなって目が覚めたというオチに大笑いしてくれる。そうやって笑いながらも、雑食動物としての人間の悲しい宿命に思いを馳せるのだ。

　最近、親しい作家の方と環境問題の改善に寄与できる食べ物について議論するなかで、牛乳の話になった。私は牛乳の代わりにアーモンドミルクやココナッツミルクを使っている。ところがその作家から、ココナッツ農場もアボカド農場に匹敵する環境問題を抱えていると聞かされ、相談者と同じ気持ちになった。「どうしてわざわざ教えたの？　もうココナッツも食べられない」と。

　知れば不都合な真実もある。食糧に関する環境問題は生存の問題とも関わっているし、直ちに他人に害を及ぼすものではないので、無視されやすい。太古の狩猟採集の時代とは違い、季節を問わず多彩な食べ物が、豊富に、かつ容易に手に入る現代、おそらく隠された不都合な真

実は多いことだろう。

　真実を知れば、苦しさと罪悪感が押し寄せる。そうだとしても、相談者のように不都合な真実を知って悩み、考えるほうがいいのではないだろうか。私は菜食に失敗したかもしれないが、1年近く肉食を減らし、その分少しでも環境への負担を軽減できたと思う。いまでも食卓から肉を減らすようにしている。苦しみや罪悪感を抱いてさまざまな問題を考えた末、実践できることも増えた。これからも実践と失敗を続けることだろう。

　悩んでいたことが話せてよかったという相談者に、最後にあいさつをした。

　「私もこのような問題について共に考え、話し合うことができてよかったです。こういう話ができる相手とできない相手がいますよね。そもそも、このような問題について考えたことのない人もいますし。同じことに悩み、問題を共有してくれる人と出会えて、私もうれしかったです」

　不都合な真実と正面から向き合い、問いを投げかけるのには勇気がいる。心のなかの勇気を行動として実践に移すのは困難が伴い、節制が必要だ。しかし、不都合な真実を無視し、手軽さや便利さばかりを追求すれば、後々さらに大きな不都合となって返ってくるという事実を、私たちはいまも肌で感じているではないか。不都合な真

実としっかり向き合って実践に移す、その小さな勇気を寄せ集めれば、よりよい明日に向かっていけると信じている。

植物相談所を訪ねる多くの人たちが、
多忙な日常生活のなかで忘れていた
自然への思いを嚙みしめる機会になればいいと思いました。
私にとってその人たちとの出会いが、
忘れていた思いを甦(よみがえ)らせる時間であったように。

タケシマキリンソウ *Phedimus takesimensis*

なるべく所有しないという愛情表現

　韓国の泥棒は自転車泥棒しかいない、という笑い話がある。持ち主のわからない物に手を出す人はまずいないし、携帯電話や財布をなくしても戻ってくることが多い。ところが、自転車だけは例外だというのだ。私はこれまで携帯電話をなくしたことが2回あるが、そのたびに拾った人が頑張って私に返してくれた。ヨーロッパに行くとスリに注意しろと言われるが、それに比べると韓国はこそ泥が少ないようだ。なのに、なぜ自転車だけは例外なのだろう。

子どもの頃、我が家も何度か自転車の盗難被害に遭った。兄が盗まれた自分の自転車をある店の前で見つけ、息せき切って乗って帰ってきたこともある。犯人の子どもを捕まえようともせず、まるで取られたおもちゃを取り返すように、自分が泥棒になったかのごとく、こっそり自転車を奪い返す兄の姿を想像しながら、母と大笑いした。

　狭い田舎の村で自転車がなくなったら、それは大抵、自転車に乗りたくてたまらない近所の子どもの仕業だ。「どれほど自転車に乗りたかったことか」と想像すれば、自転車泥棒に対しても少しは寛大になれた。盗みには違いないが、財布や携帯電話を盗むのとはちょっと違うような気がした。では、植物泥棒はどうだろう。植物を盗む人の気持ちや、植物泥棒に対する人々の見方、植物マニアの考えはどんなものだろうか。

　私の母は植物マニアで、いつも部屋は植物だらけだった。一方、父はあまり植物に関心がなかった。子どもの頃、真冬の朝になると、両親が言い争う声で目が覚めることが時々あった。原因は植物だった。父が換気のために開けておいたベランダの外窓を閉め忘れたせいで、夜のあいだに植物がみな凍ってしまったのだ。すると朝になって、母は凍り付いた植物を見つけ、怒って父に小言を言うのだった。ところが、父はその後も、不注意のせ

いか、それともわざとなのか、忘れた頃になると決まって植物を凍らせてしまうのだった。大事に育てた植物が枯れて怒っている母とは対照的に、父は母をからかっているようにも見えた。というのも、どうしてこんなに植物があるんだと、父が不平をこぼしているのを何度か聞いていたからだ。真冬の朝っぱらからこんな騒ぎが繰り返される様子は、コメディドラマのワンシーンを見ているようだった。

　ずっと植物に関心のなかった父だったが、60歳を過ぎた頃、いきなりどこかから植物を持って帰ってきたことがあった。母と私がどれだけ驚いたことか。道端によく生えている植物だったが、最初はなぜ父がその植物を持ってきたのか、理解できなかった。おそらくその植物がなんとなくかわいく見えたのだろう。ついに父も植物に目覚めたわけだが、植物マニアの母と私は、父の素朴な植物愛に笑ってしまった。たしか、父が持ち帰ってきた草は、すぐに枯れてしまった。

　私の恩師も、退職後に植物に興味を持ち始めた。恩師に何か植えてみたらと言ったところ、春の訪れとともに植木鉢と土と花の種を買ってきた。植物のことは何も知らない人だったので、育てやすく、かつ生命の神秘を手早く見せてくれるアサガオ、ヒマワリ、ホウセンカを勧めた。その3種の植物たちはたちまち成長して美しい花

を付け、それを見た恩師は植物に大きな関心を持つようになった。久しぶりに恩師の家に行くと、高級な植木鉢にシェフレラが植えられていた。葉に白い斑があることから、かなり高価なものと見えた。白い斑のある植物は、園芸品種として開発されたか突然変異の結果なので、私からすればあまり健康には見えないが、植物ビギナーの目を引くようで、相当な高値で売買されている。

　高級な小振りの鉢に盆栽のように植えられたシェフレラは、一目見ただけでも長生きできそうにはなかった。恩師の家の環境にも合っておらず、早く植え替えしたほうがよさそうだった。家のなかは日当たりがよくないので、しばらく外に置くよう勧めたが、恩師は絶対に外には出さないと言う。植物を育てたこともない初心者なのに、なぜ室内にこだわるのかと思ったが、盗まれるのが心配なのだそうだ。

　栽培のベテランなら、植物は大事に手元に置いておけばよく育つわけではないことを知っている。植物が物ではなく命であることを深く理解しているので、何が植物のためになるのかをまず考える。だから、この表現が適当かわからないが、「手放そうとする気持ち」が生まれるのだ。まだそこまでいかない"植物伴侶(シンムルバンリョ)"初心者の恩師の姿に、私は思わずほほ笑んだ。

　自転車泥棒と同様、私は鉢植え泥棒にも少々寛大だ。

鉢植えが盗まれても、それほどガッカリしない。誰かがしっかり育ててくれると思うからだ。とはいえ、植物泥棒は深刻な犯罪でもある。植物園で植物が引き抜かれることも多く、それを植え直す出費はバカにならないと聞く。棲息地外の植物園で保護されている希少種や絶滅危惧種が盗難に遭うという、深刻なケースもしばしば起きている。

　盗掘された希少植物や突然変異植物は、闇ルートで高値で売買されたり、植物財テクに利用されたりすることもある。研究室の同僚と、済州島のある渓谷に絶滅危惧種のルリミノキとセンリョウを観察しに行ったときの話だ。ちょうどその前日に、他大学の研究室の研究員が同じ場所に行っていて、私たちに座標を教えてくれたのだが、どれだけ探してもルリミノキとセンリョウは見つからなかった。その代わり、掘ったばかりと見える穴がいくつかあった。人けがなく、登山道でもない場所に掘られたこれらの穴は、植物盗掘師の仕業に違いなかった。こんな深い山中でまさかとは思ったが、驚くと同時に嘆かわしかった。

　おそらくルリミノキとセンリョウは、正体もわからない誰かの手に渡り、どこかで売買されているのだろう。こうした植物に対する度の過ぎた所有欲は、植物を物と見なしているゆえのことだろう。だから等級が付けられ、

金がやり取りされ、盗みが行なわれるのだ。

　最近、プランテリアという新造語が流行しているが、この言葉を聞くときもやはり気に障る。プランテリアとは、植物(プラント)を使ったインテリアのことだ。この単語を耳にするたび、「植物はインテリアのための小道具なのだろうか」という疑問がわく。植物は生命なのに、物扱いしているようで違和感を覚えるのだ。生命に対する気持ちが、物に対する所有欲に変質してしまうのではないかと気にかかる。心から植物を愛する人なら、植物が生きている命であることをよくわかっている人なら、行き過ぎた所有欲を満たそうとはしないはずだろう。

　以前はペットのことを愛玩動物と呼ぶことが多かったが、最近では伴侶動物（コンパニオンアニマル）という単語をよく使うようになった。愛玩動物とは、好きだから近くに置いて遊ぶための動物、という意味だ。一方の伴侶動物は、情緒的に頼れる友としての動物を意味する。共に暮らす動物について深く学び、尽くそうという気持ちが感じられる。

　伴侶動物という言葉の影響からか、植物についても伴侶植物という言葉が使われるようになった。人間と動物の共生の歴史は古いが、その動物を生き物として尊重し理解する努力を始めるまでには、長い時間が必要だった。

植物についても同じことが言えるだろう。植物という生命を、所有の対象ではなく伴侶として見るようになったとき、愛する植物はより元気に育つことだろう。

霧吹きで葉に水をかけて
植物の渇きを解消してやろうとするのは、
むなしい愛の表現です。
こんな下手な愛情表現を続けているなら、
それは片思いにすぎません。

タブノキ *Machilus thunbergii*

本当に育てても
大丈夫ですか？

　「開運竹」「富貴竹」などという別名で国内に流通しているドラセナ・サンデリアーナ〔ギンヨウセンネンボク〕*Dracaena sanderiana* を初めて見たとき、またひとつ、奇怪な姿で植物が売られていると思った。熱帯アフリカ西部原産のこの植物は、姿は竹に似ているが、それより背が低く、陰地でよく育つ。特に一定の太さの茎は柔らかくて人為的な加工が施しやすく、ばねのようにねじれた形や髪の毛を編んだような形、さらにはハートの形まで、さまざまな形にして売られていることもある。

この植物は強い生命力を持っていて、茎をハサミで切って切断面が腐らないようゴムやプラスチックなどでふさぎ、反対側の切断面を水に挿しておくだけで、節から新芽が出てくる。木のように見えて、実は草なので、育つスピードが速く、大量に栽培することも難しくない。こうしたさまざまな特性から、ドラセナ・サンデリアーナは商品化されやすい。私の目には、人間の操作によって誕生し販売される姿は奇怪に見えるが、こうした事情を知らずにこの植物を育てている人たちにとっては、ただの愛らしい伴侶植物にすぎないだろう。

母親：うちの子が小学校に入学するとき、植物をひとつ買ってやったんです。担任がドライフラワーを教室に飾るほど植物が大好きで、学校に植物を持ってきてほしいと言われたからです。うちの子はそのとき買ったドラセナを世話して4年になりますが、それがきっかけで植物が大好きになりました。
子ども：私も最初は、友達みたいにバラとか花が咲く植物が好きだったんです。花はきれいだから好きだけど、虫がついていたら嫌だし、他の植物は好きじゃありませんでした。でも、担任の先生から学校に植

物を持ってきてって言われたんでお花屋さんに行ったら、ママが竹みたいな変な形の植物がいいんじゃないって。最初はすごく嫌いでした。だって、カッコ悪いんだもん！　花も咲かないし、実もならないでしょ。つまんないから嫌だって言うのに、ママは長持ちするほうがいいって言うから、仕方なくそれにしたんです。家に持って帰って育てていたら、ある日、大きい虫が付いてるのを見て、すごく嫌だからほったらかしにしてたんです。だけど、それでも育ち続けて、葉っぱが黄色くなっても大きくなるから、とても申し訳ない気がして。それから関心を持って、面倒を見るようになりました。そうすると、すごくかわいく思えてきたんです！

　ドラセナとの縁について話してくれたチビっ子相談者は、植物が枯れ死ぬとそれが夢に出てくるほど、自分が育てている植物を愛していた。愛したり心配したりする気持ちを込めたドラセナの絵も、何枚か描いていた。水耕栽培をやるために温度計、湿度計、アラームまで買いそろえ、カイガラムシやクロバネキノコバエ、ナメクジに襲われた事件のことも教えてくれた。換気や植え替えの方法にも精通しているこの子は、植物のお医者さんになるのが夢だと言った。

私は完璧な水耕栽培の条件と、水だけで植物を育てるときの限界について教えた。また、その子は植物に害を与える昆虫が嫌いだと言うので、今度虫メガネで昆虫をよく観察すれば、昆虫のことも好きになれるはずだとアドバイスした。さらに、ゆっくりでも必ず家に帰るカタツムリの帰巣本能について、ドラセナと一緒に育つギンマサキについて、そして植物同士の競争について、さらに樹木医という職業があることも説明してあげた。

　けれども、自然状態のドラセナと店で売られているものとの姿の違いや、鉢で育てているドラセナにこれから起こる悲しい限界については、とても話す気になれなかった。植物が死ぬと悲しくて夢に出てくると言う子どもに対して、本来はアフリカで育つドラセナが、実は正常でない姿で家のベランダにいるのだと言うことはできなかった。

　その相談者は子どもだったが、私の植物相談所を訪れる多くの植執事（シクチブサ）のうちでも、自分が育てている植物について最もよく勉強していた。絶えず勉強し、少しでもいい環境を作ってやろうという努力は、植物を育てるときの必須の要件だ。ところが多くの人は、水やりの頻度であるとか、陽当たりのいい場所と日陰のどちらに植木鉢を置くべきかといった程度のことしか知識がない。

　愛する気持ちが強すぎて、逆に植物を殺してしまうことも多い。水を多くやり過ぎて根腐れを引き起こしたり、

痩せた土壌を好む植物に栄養を与えすぎて死なせてしまうのだ。自然に枯れて落ちるべき葉を、見栄えが悪いからと早くむしり取ってしまうと、葉と柄の接する部分に保護壁〔離層（りそう）〕を作る時間が足りなくなる。たまに傷ついた箇所から感染することもある。葉にツヤを与えるための光沢剤を塗ると、外部につながる葉の組織を塞いで葉を窒息させてしまう。強い日差しの下で気持ちよく冷水を撒（ま）くと、植物体の温度を急激に下げ、光合成を妨害したりもする。

　植物にも寿命があることを知らず、育てていた植物が死んで大きな喪失感を覚えたという相談者もいた。植物相談所に来る相談者には、自分の誤りで植物が死んだのではないかと心配する人がたくさんいるが、聞いてみるとその理由は別のところにあることも多かった。市販されている外来種は元々、韓国のベランダという環境に適合していない場合が多い。しばしば、水だけやればいいと言って水耕栽培用の鉢を売っていたりもするが、水だけでは栄養分が不足して、ついには死んでしまう。

　大きな鉢が意外に軽ければ、その中身をよく調べるべきだ。発泡スチロールや木片など、鉢を軽くするためにスペースを埋める材料が入っているかもしれない。土が必要な植物にとっては、何の役にも立たない。花が咲い

ていると思ってよく見ると、造花を針で刺してあることもある。特に多肉性のサボテンに刺してある造花は、一見本物のように見えるが、サボテンの茎に鋭い針が刺さっているのを発見したなら、恐ろしくなるだろう。

聞いてみると、買ってきた植物が一年草や二年草なので、いくらもたたずに死を迎えることもある。高度に手を加えられた園芸品種のなかには、最初の年にだけきれいな花が咲くようにしたり、繁殖できないように設計されているものもある。これは植物を売り続けるための品種開発者の手によるものだ。

植物の死にはさまざまな理由がある。植物の持つ元々の特性だったり、あるいは植物を商品として販売するための戦略の結果だったりする。入手した植物が元々自然にあるときのような健康な状態でない場合もあるので、植物を愛する人たちは、その死をうかつに自分のせいして悲しまないでもらいたい。

植物が当然に死を迎えることも知らずに、植物が死に行く姿を見て心配し、夢に出てくるほど悲しみ、さらには2度と植物は育てないと宣言したりするのは、とても残念なことだ。植物が好きなら、愛情をもって育てた植物が死んだとしても、このチビっ子相談者のように勇敢に植物を愛し続けてほしい。

私：植物の世話をしなければ、死んでしまわないかと心配することもないし、気楽にいられたでしょ。そのほうがいいとは思わなかったの？

子ども：植物を育てていたら、旅行に行けないし、おばあちゃんの家にも行けないかもしれないし、友達の家にお泊まりもできないかもしれません。でも、どうしても育てたかったんです。去年の夏、ずっと家でお世話していたのに、植物が全部死んじゃったことがあって。急に全部死んだので、とてもショックでした。すごく悲しかったので、こんなに悲しいなら育てないほうがよかったのかな、どうして家に連れてきちゃったのかなって、後悔したこともあります。

母親：ある日、私がパプリカを切っていたら、「ママ、種をちょうだい」って言うんです。なぜ種なんか？もしかしてと思っていたら、案の定、その種を植えていたんです。

私：これからもずっと植物を育てるつもり？

子ども：植物がたくさん死んだときは、いっそ全部いなくなったら楽かもと思いました。でも、世話をしないで楽になっても、心は寂しいような気がして。本当に植物を愛してるのかも。

ギンリョウソウモドキ *Monotropa uniflora*

ヒルザキツキミソウ *Oenothera speciosa*

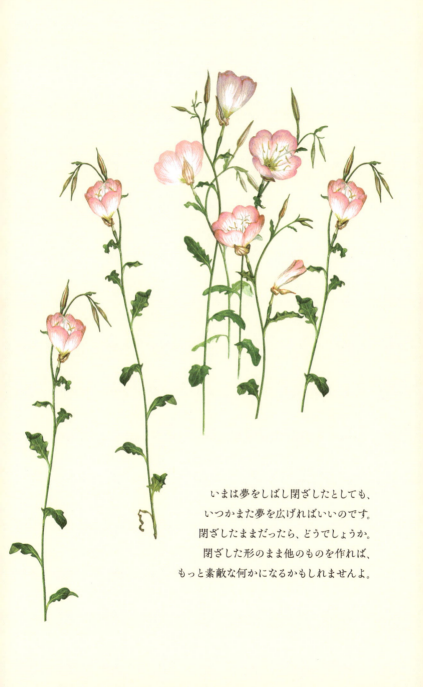

いまは夢をしばし閉ざしたとしても、
いつかまた夢を広げればいいのです。
閉ざしたままだったら、どうでしょうか。
閉ざした形のまま他のものを作れば、
もっと素敵な何かになるかもしれませんよ。

植物は好きだけど、登山は嫌いな植物学者

　登山家になりたいと思ったことはなかったのに、植物分類学者になってみると、植物のある場所に行くため、山登りをすることが多くなった。植物の研究者だと自己紹介すると、研究室に閉じこもり、青白い肌に温和な表情で植物の世話をする学者の姿を思い浮かべるだろう。しかし、私が考える植物分類学者は登山家の姿をしている。教授や先輩たちのことを思い出すと、研究室の科学者の姿に加え、山を歩き回る登山家の姿も目に浮かぶからだ。そう言えば、植物標本製作室には、採集してきた

植物を整理して標本を作るための道具以外に、登山の装備がある。登山リュック、登山チョッキ、GPS機器、雨具、採集用ナイフ、はさみ、草取り鎌、シャベルなど、科学者には少々似合わない道具に満ちている。

　旅行と登山が好きな父のおかげで、有名な山という山は大学入学以前に一通り登ったものの、そんな私にとっても植物学者としての登山は格別だった。植物分類学の研究室に入ってからは、植物採集のための登山が始まった。学部のときは、先輩について植物採集に行くときもそれほど大変ではなく、楽しく山登りをしていたが、修士に入学すると登山するのが心配になった。子どもの頃から登山に慣れていて、他の人より鍛えられている自信があったが、植物分類学の専攻者はなぜか見た目からして専門の登山家のように見えた。朝から夜まで、整備された登山道ではない山のなかを、重いリュックを背負ってあちこち歩き回りながら、植物を抜いたり切ったりすることができるだろうか。体力に勝るであろう男子学生にも負けたくなかったし、自分の世話をするだけで精いっぱいで、植物採集どころではなかったらどうしようという心配もあった。

　修士課程に入学してまもなく、ある先輩がこんな冗談を言った。「俺たちは植物を研究してるんだよ。登山は嫌いだ」。世界中の植物分類学者が、植物は好きだが登

山は嫌いだと思っているのかもと想像すると、思わず笑ってしまった。そうして少しは軽い気持ちで植物採集を始めたが、幸い遅れを取ることなく任務を遂行できた。

もちろん、山でのり巻きを食べて当たったり、夏バテしたりしたこともあったが、山に登れなかったり体力不足で植物採集ができないということはなかった。博士課程のときには、他大学の教授と白頭山〔朝鮮と中国の国境の山。標高2744m〕に植物採集に行ったことがあるが、その教授は私のことを「ど根性がある奴だ」と言って褒めてくれた。修士入学のときには心配だった登山は、いつしか日常生活のように気楽なものになっていた。

こうして登山に慣れた頃、採集中に草でかぶれて皮膚科を受診した際に、時間があったので隣の整形外科にも寄ってみた。たまに膝を押すと痛みがあるので、ついでに診てもらったのだ。若いし、普段は何ともなかったので、問題ないだろうと思っていた。

医者も最初は大したことはないと言っていたが、膝のあちこちを押しながら、年齢の割に軟骨がかなり傷んでいる、一体何の仕事をしているのかと聞いてきた。このままだと軟骨がぼろぼろになって、人口軟骨を入れなければならなくなる、とも。それもそのはず、思えば日頃から割と無理をしてきたし、正しい登山法も学んだことがなかった。先輩たちが口をそろえて体の不調を訴え

り、雨が降る日をぴたりと言い当てたりするのを他人ごとのように流し聞いていたが、ついに私も職業病になってしまったのだった。

　昆虫学者、鳥類学者、動物学者、魚類学者などと合同採集をすることがある。横から採集の様子を見たり、手伝ったりするのだが、あるとき誰が一番大変なのか議論になったことがある。
　昆虫や動物は動くので、研究者のいる場所までおびき寄せることが可能だ。たとえば昆虫であれば、捕虫網を振り回して捕まえることもあるが、エサを入れた小さな甕を土に埋めたり、夜に明かりを使っておびき寄せたりもできる。そんな昆虫学者とは違って植物学者は、目的とする植物が山の頂上でしか育たない品種なら、頂上まで登らなければならない。隠れている植物をおびき寄せる方法もない。だから植物学者のほうが大変だ、という結論に至った。ところが、深い海に生息する海藻類を研究する学者から、スキューバダイビングの大変さについて語るのを聞いて、まだ植物採集のほうがましかもしれないと自分を慰めたのだった。

相談者：植物も大量生産されていますよね。

私：そうですね。人類の歴史上、農業が始まって発展して以来、大量生産が行なわれています。

相談者：それはいいことですか？

私：おそらく、最も盛んに大量生産されているのは、食糧用の植物ではないでしょうか。それ以外のものも、すべて人間が利用する植物でしょう。ところで、均一な商品を作るためのクローン、つまり複製人間のように遺伝的に完全に同一である場合、その種の個体数が多いことに意味があるのかという気もします。個体数が多いので、地球の表面を広く占めるという意味で優占種と見ることもできるでしょうが、遺伝的多様性がかなり劣っているという面から見れば、優占種と言い切っていいのか疑問です。それに、人間が利用する植物は大量生産されますが、その一方で人間の干渉によって野生の植物が死んでいき、絶滅の危機に瀕しています。

相談者：植物も絶滅しているんですね……。

私：絶滅はすでにかなり進んでいます。韓国でもそうです。その種が外国に存在している場合もありますが、世界的な絶滅危惧種であれば、もうすぐ地球上から消えてしまう可能性もあります。

相談者：動物の場合は絶滅危惧種を保護する努力はか

なり見られますが、植物もそうですか？

私：植物も同じです。韓国の環境部〔部は日本の省にあたる〕が作成した規程や目録もあります。レッドリスト（IUCN）といって、世界的に絶滅の危機に瀕した動植物の実態を報告するリストもありますよ。一般的に動物に対する関心のほうが高いので、動物の絶滅危機のほうが目を引くようですけどね。ある地域の環境保全の重要性を広く訴求するために選ばれた種のことを象徴種と言います。象徴種が絶滅の危機にあると言えば、すぐに関心が高まりますから、その種が生息する生態系全体や、周辺の他の種を救うのに効果があるんです。象徴種のうちでも、見た目が美しかったり、独特な形態をしていれば、より関心を持たれます。エゾモモンガ、ヤマネコ、ヤギなどの愛らしい動物を象徴種にすれば記憶に残りやすいし、保護への努力も高まります。実は植物にも、絶滅危惧種は多いんですけどね……。

相談者：そうなんですね。

私：植物も動物のように、速いスピードで消えつつあります。植物や動物が消えるスピードより、人間が研究するスピードのほうが遅いんですよ。

植物よりも植物分類学者のほうが早く絶滅するのでは

ないかと、学者のあいだでは冗談のように言われるが、実際、植物分類学者の数は減りつつある。もちろん、他の生物分類学者も事情は変わらない。植物よりも関心度が低い菌類や水中の藻類(そう)を研究する学者は、さらに厳しい絶滅の危機に置かれているのだ。

　研究室に入ってきたのに、中途で研究をやめてしまう学生を何人も見てきた。学部時代に関心を持ちながら、結局は専攻しないケースもある。理由はさまざまだろうが、植物分類学の第一歩とも言える探検や採集で、思わぬ労働や危険を経験したからかもしれない。

　しかし、植物を研究するには植物の世界へ、動物を研究するには動物の世界へと、入って行く必要がある。研究者が研究対象を求めて行く先が植物園、動物園、研究室だけになったとしたら、それは研究が楽になったというより、悲しく恐ろしい状況になったと言えるのではないだろうか。それはすでに、地球のあらゆる種が自然から絶滅した状態を意味するからだ。

「葉っぱが黄色くなっても大きくなるから、
とても申し訳ない気がして。
それから関心を持って、面倒を見るようになりました。
そうすると、すごくかわいく思えてきたんです!」

タブノキ *Machilus thunbergii*

古木に対する礼儀

　ある人から、釜山(プサン)にある古い家に一緒に行かないかと誘われた。最初はその人が、その家の植物のことに関心があるのか、あるいはそこに野生植物を植える計画でもあるのかと思い、社交辞令として聞き流していた。お礼を述べつつ、いつか一緒に行きましょうと答えておいたのだが、ある日その人が植物相談所を訪ねてきた。

相談者：その古い家は、私が子どものときに住んでいたんです。南部地方なので、3月末から4月頭になるとツバキが咲き始めて、続けて色んな花が満開になります。地面も池も真っ赤に染まって、本当にきれいでした。ところが、家の近くに42階建てのマンションができたんです。2階建ての我が家は、大木にとまったセミみたいな存在になってしまいました。マンションが南側に建ったので、ビルのあいだからしか陽が差さなくなりました。ビル風も強く吹くようになってしまって。家のなかも、日差しの具合や日照量の変化もあって、全体的な空気まで変わってしまいました。

私：それは深刻ですね。

相談者：マンションが建ってから、ツバキもほとんど咲かなくなりました。前はキンモクセイなどの木に囲まれていて、とても気に入っていたのですが、それも見られなくなりました。マンションのせいで日差しが足りないので、枝を剪定（せんてい）して少しでも日が入るようにしてくれと造園業者に頼んだら、私がいないあいだに枝を全部切られてしまったんです。本当に腹が立って、がっかりしました。いま行くと、庭はひどい状態です。

庭を見せてもらい、ついでに釜山に遊びに行こうかと軽く考えていた私は、思ったより深刻な相談内容に、暗い気持ちになった。マンション工事の影響で家が傾いたので、その補償は受けたものの、建物の補償しかもらえなかったという。

　古い建物を復元するのが難しいように、古木についても人びとが深く考えてくれたら、どれほどいいだろう。ただ、復元という言葉は、古木には似合わない。木は死んだら元には戻らないのだから。庭は生き物である植物からなる。それが破壊されたとき、その庭を手入れしてきた人の気持ちは、伴侶動物を失ったのと変わらない。子どもの頃から世話をしてきた植物が、だんだんと花を咲かせなくなって死んでいく姿を見るのは、どんなに悲しいだろうか。

　日差しを遮ることを知りながら高層マンションを建てた建設会社、建物の分しか補償を認めなかった裁判所の判決、植物をろくに見ないで枝を全部切ってしまった造園業者……。いずれも腹の立つ話だ。いまも死につつある植物のことを思うとかわいそうで、鏡の仕組みを使って不足した太陽光を取り入れる設備を頭に浮かべながら、いまからでも設置してみてはどうかと思い、急いで伝えた。相談者の答えは予想外だった。

相談者：周辺の環境が変わりすぎて、もう復元するというより、改めて新しい生態系を作るしかないと思っています。大きな木は抜くわけにいかないので、それは残しておくとして。自己中心的でも人工的でもないやり方で……。

私：すでに完全に変わってしまったわけですね。遷移(せんい)のようなことが起きるんでしょうね。

相談者：遷移、ですか？

私：時間の経過と共に、ある地域の植物種が徐々に変化して、その環境に最適な種が選ばれ、調和し安定した極相(きょくそう)に至ることです。人間の干渉のない自然のなかでの話なので、庭とはちょっと違いますけど。ただ、私は植物学者なので、造園のことはよくわかりません。植物に対する科学的なことを知っているだけです。

相談者：私は造園をやってほしいと思っているわけではないんです。こんなスタイルの庭を造りたいというより、いまの状態を把握して、どんな植物が自然に育つのか、それを知りたいんです。だから一度、一緒に来てもらえたらと思って。

相談者の話を聞いて、私は反省した。もちろん、マンション建設に伴う問題には腹が立ったし、早く対策を立てなければと思ったものの、最初に人為的な構造物を解決策として提示した自分を恥じた。人工的に太陽光を取り入れて植物が再び元気になったとしても、その状況、その姿は、美しいとは言えないだろう。

　できるだけ庭に手を加えず、植物が自ら調和し合って育つように見守ってきた相談者に対して、私の提案はあまりに恥ずかしいものだった。もし相談者が、花いっぱいの華麗な庭を手っ取り早く新しく作りたければ、私を訪ねることはなかっただろう。私はその家の庭に植えられそうな野生植物を思い浮かべながら、1年間にひとつずつ実験してみて、自然の流れに任せてみようと言った。

　以前、マンションの2階に住んでいたことがある。植物がベランダの前にたくさん植わっていた。家の前にはハクモクレンがあったが、高く育って2階の窓を覆っていた。うちの家族は、日差しが遮られても、窓の外で四季を美しく彩ってくれるその木が好きだった。ところが、うちの棟の代表のおばさんは、その木を切らせまいとする我が家のことが気に食わない様子だった。どうせかなり剪定されていて、日当たりがよくないのはうちのベランダぐらいだったのに、木を切る機会を虎視眈々と狙っていたのだ。結局、おばさんは人を雇って私たち家族が

寝ているあいだに、木をバッサリ切り倒してしまった。

　また、背の高いメタセコイアのあるマンションの8階に住んでいたこともある。メタセコイアはひょろりと高く伸びる特徴を持っているため、花を観察することが難しい。それが手に届くところにあることが、この家を選んだ理由のひとつだった。しかし、その木もある日突然、バッサリ切られてなくなってしまった。高校生の頃、クジラに向けて投げられた銛を、身をもって防ごうとするグリーンピース会員の姿がとても印象深く、脳裏にくっきり残っていたのだが、こんなふうにいきなり木が切り倒される経験をすると、グリーンピース会員たちの気持ちが理解できた。建物を建てるより木を育てることのほうが難しいのだから、木を切るという解決策は最終手段にしてほしい。どうか木が生きられるよう、放っておいてくれたらと思う。

　12年前にひとりでイギリスに行ったときのこと。閉店した店の前で、無料展示という手書きの案内を出し、絵を展示して通行人を観察していると、美術道具を持ったひとりのおじさんが近づいてきた。建築家だという彼は、仕事の手伝いが必要なのだが一緒に働かないか、と声をかけてきた。旅行者の私に就職のオファーをしてきたことに戸惑ったが、気のよさそうな人で、美術の話も

通じるので、すぐに親しくなった。その後、自宅に招待してくれたのだが、広い庭に植物は、四角く剪定したチョウセンヒメツゲしかなかった。彼はチョウセンヒメツゲばかり育てていると言った。この植物は形を作りやすいし、簡単には死なないし、変化もしないので好きだから、という理由だった。庭を見る前に、おじさんが繊細な手作業で作ったロンドン・アイ〔テムズ川の川辺にある大型の観覧車〕の模型を見て感嘆していた私は、チョウセンヒメツゲの話を聞いて少なからずガッカリした。木を建築物のように扱う建築家だなんて。

　韓国でもチョウセンヒメツゲは道端に生け垣としてよく植えられている。大抵は、あのおじさんのチョウセンヒメツゲのようにスパッと切られている。だが、野生のチョウセンヒメツゲは自然のなかでかなり大きく、格好よく枝葉を伸ばしている。生け垣としてよく植えられているイボタノキ、マサキ、ニシキギ、ムラサキシキブ、ウツギ、イヌツゲ、イチイなども、そのまま自然の流れに任せておけば、その木の本来の姿がわかるはずだ。生け垣用に剪定される木はよく見かける品種だが、元の自然な姿を知る人はあまりいない。一度、人の背丈より大きな枝を伸ばした野生のチョウセンヒメツゲを見て、何の木ですかと聞いてきた人がいたので、さっき道にあったチョウセンヒメツゲと同じ木だと教えてあげたら驚い

ていた。

　あるとき、ウメの木の盆栽を育てているという相談者が、植物相談所に来たことがある。ウメの育ちがよくないので、あちこち場所を移してみたが、問題が解決しないという相談だった。私は、ウメは元々韓国の気候によく合う植物なので、そのまま外に植えれば解決すると教えてあげた。韓国の空と土が、ウメに合った日差し、温度、湿度、養分を提供し、問題を解決してくれるだろう、と。その相談者にとっては、そっけなく誠意のない答えに聞こえたかもしれないが、「すぐに庭のある家に引っ越さなければ」という返事が返ってきたところを見ると、長々と説明しなくても、植物にとって最良の方法が何か心で理解していたのだろう。植物を心から愛する人たちは、植物のための答えを最初から知っている気がする。

ノゲシ *Sonchus oleraceus*

第 4 部

大切な瞬間を
守ってくれる話

植物が好きになり始めた、あなたに教えてあげたい話

　植物相談所で、植物の学び方に関する質問をよく受ける。
　「どんな植物図鑑を読めばいいですか？」
　「植物の名前を早く探すよい方法は何ですか？」
　「独学で植物の勉強をするにはどうすればいいですか？」
　「植物について知りたいとき、どこに聞けばいいですか？」
　「植物園に行きたいのですが、どこがいいですか？」
　ただ植物を鑑賞するだけでなく、さらに勉強しようと

する人から質問を受けると、何とかして手を貸したくなる。そういう人たちは、心から植物を愛し始めたのだから。質問されたときは、最初に「どこまで正確に知りたいですか？」「どんなことを勉強したいのですか？」と聞く。

　植物の勉強に関する質問を受けたとき、以前なら学問的な正道(せいどう)を説明することが多かった。しかしいま思えば、全員が全員、植物学者になりたいと思って相談に来ているわけではない。なぜそんな陳腐な回答をしてしまったのかと悔やまれる。今後はこの種の質問を受けたとき、相談者がどこまで知りたいのか、どんなことを学びたいのか、植物をもっと好きになる方法は何か、そんな話をしたいと思う。

　植物図鑑を推薦するときも、必ずしも専門書を勧めるわけではなく、あらゆる植物が紹介された本を推薦するわけでもない。植物のことをよく知らないと、分厚くて退屈な図鑑はむしろ逆効果だ。季節によって、花の色によって、軽くて薄い本を推薦することもある。以前の私は、植物学的に正確か、本の構成は体系的か、どの専門家が書いたのか、などを重要視していた。しかし、植物相談所をしながら、必ずしもそうする必要はないということに気付いた。飽きさせないことのほうが、より重要なのだ。たった一人でも、私のせいで植物から逃げ出

ことのないように。

　どの植物園や樹木園に行けばいいのかと聞かれたときも同じだ。以前は、植物を苦しめる植物園をよく思っていなかった。展示を主目的とする植物園などは、季節ごと、イベントごとに植物を植えたり抜いたりしている。フェスティバルと銘打って多くの花を植え、その期間が過ぎれば全部抜いて他の花に植え替えたり、木に派手な電飾などを付けて点灯している。植物の持つ習性を無視して、人工物で飾り立てるのは気に入らなかった。こうした展示中心の植物園は、職員のなかに植物学者もいなければ、実験や研究を通じて論文を発表することもない。外部の研究所や植物学者と協力して論文を出すことはあっても、それをメインでやっているわけではない。

　こんなふうに、展示中心の植物園に対してずっと不満を抱いてきたが、こうした考えは視野が狭いのかもしれないことに、アメリカのある庭園を訪問して気が付いた。アメリカのロングウッドガーデンは、代表的な園芸展示の植物園だ。アメリカの研究所にいた頃、先任研究官がちょっとウキウキした顔で、「クリスマスになったらロングウッドガーデンに行きましょう」と誘ってきた。そして、ロングウッドガーデンが個人の有志によって作られたこと、例年多くの客が訪れる名所として大成功し、

そこの財団の寄付を受けた研究プロジェクトまであることを教えてくれた。だから一緒に見物して、実験もやってみようというのだ。

クリスマスシーズンのロングウッドガーデンは、いつも以上にきらびやかに飾り付けられていた。夜になると音楽に合わせて噴水が踊り、木々には色とりどりの電飾が輝いていた。植物園は訪問客でにぎわい、誰もが笑顔を浮かべている。私たちもいつしか、その人波のなかで一緒に写真を撮りながら笑っていた。そのとき私は、ふと思ったのだ。植物を勉強することについて、もっと気楽な、広い視野が必要ではないか、と。植物園に来て植物に親しみ、植物に対するよい思い出をたくさん持って帰れるなら、そんな植物園を遠ざける理由はない。

私：農業学校を出たら、皆さん農業関係の仕事に就くのですか。

相談者：必ずしもそうではありません。私の場合、「自分は植物とどう一緒に生きていくのか」を考えています。植物と何か一緒にやれたらいいと思っているんです。もう少し詳しく知りたいとき、何か読むだけでなく、自分であれこれ経験するほうがいいです

よね。それで調べているところです。

私：最近、あるテレビ番組の撮影があって、庭園や森の管理をしている人たちと会いました。私はずっと学問という枠のなかにいるし、植物学者としてもまだ半人前ですが、そこで会ったのは、長らく植物のそばで暮らしてきた人たちでした。植物学を専門にしてはいなくても、植物を愛しているという点では私と同じです。ところで、私と違ってその人たちは常に自然のなかにいるので、お話しして改めて驚かされたことがありました。私は植物採集で多くのキノコを見てきましたが、実はそのとき初めてシイタケを採ったんです。「これまで何を勉強してきたんだろう」とも思いましたね。その人たちは自然の言葉で話し、私は学問の言葉で話しながら、結局は同じことを話しているのが不思議でもありました。それで、家に帰ってから考えました。学問としてだけ植物に接するのではなく、植物の近くで実際に生活するなかで理解していきたいって。そこで、初めて五味子〔チョウセンゴミシの実で生薬に用いる。名称は5つの味が含まれることに由来するという〕エキスもつけてみたんです。もっと構えずに、自然と交感する経験を持つべきだと思ったんです。先生〔ここでは目上の人に対する呼称〕は私と逆の方向から考えているようですね。

相談者：はい。私は農業をやりたいと思ってきました。でも、いざ農業をやってみると、植物のことをもっと知りたくて、勉強したくなったんです。植物を育てていると、一種の驚きのようなものがありますよね。この植物はどうしてこんな形をしているのか、あの植物とは全然違うのになぜ同じグループなのか。そんなことに興味が湧いて、とても気になるんです。

私：学問的に勉強したいということですね。では、これから私は自然の世界に、先生は学問の世界に行かなければなりませんね。

相談者：そのようですね（笑）。

　自然のなかに溶け込むように調和しながら、植物について学んでいった時期があった。その頃は意図しなくても、体がひとりでに自然になじんでいった。植物相談所で対話していると、研究や学問の対象として植物に接するなかで忘れていたこと、ただ植物が大好きだった幼い頃の記憶が甦ってきた。

　8歳くらいの頃、あぜ道を歩きながらヨモギを摘むのが好きだった。子どものくせに買い物カゴと果物ナイフを持って、あぜ道に座ってヨモギを摘んだのだった。ある日、勇気を出して、家が見えなくなるほど遠くのあぜ道まで行ったことがある。ふだんはヨモギを摘むときに

人に会うことはなかったが、その日は初めて人に会った。おばさんたちが数人、市場で売るヨモギを採るため、しっかり準備して来ていたのだ。なぜかその場所は、ヨモギがたくさん生えていた。おばさんたちは、子どもがひとりであぜ道にいるのを心配しつつ、「おちびちゃん、ここは私たちの仕事場だよ」と冗談交じりに言った。

　私は当時、味と香りが強いヨモギが別に好きではなかった。それなのに、ヨモギを摘むのは大好きだった。春の日に生えてきたヨモギの柔らかな手触りもいいし、緑の新芽を古い根っこからブチッとむしる感じも好きだった。そうやって積んだヨモギを持って帰ると、母がヨモギ汁を作ってくれる。自分が採ってきたヨモギを家族みんなで食べるのは、何だか不思議な感じだった。時々、近所の人が教えてくれた名も知らない新芽も一緒に摘んで帰ったが、ナムルにして食べるとキュウリのような香りがすると言って、母は喜んでいた。あぜ道には春の日に照らされて、リュウキュウコザクラ、オオイヌノフグリ、ホトケノザ、ツクシなども生えるので、それらを観察しては時間がたつのも忘れ、カゴは空っぽのままで帰ってくることもあった。ただ純粋に、植物と一緒にいるのが好きだった時期だ。

　思えば、植物を楽しく学ぶ方法も忘れていたことが多い。学部時代に初めて植物分類学の研究室に入り、そこ

で食事をしていたときだ。先輩から「ここに来てご飯を食べるなら、先にやるべきことがある」と言われた。テーブルの上に置かれた野菜たちがどの分類群なのかを当てる勉強だった。コメならイネ科、ニンジンならセリ科、ハクサイならアブラナ科、サンチュならキク科、キュウリならウリ科、ジャガイモならナス科といったことを当てなければならない。勉強を始めたばかりの後輩が研究室に入ってくるたび、この先輩の教育法が思い出され、ニヤリとしてしまうのだった。

　植物採集の際、よく先輩からその植物を食べてみるよう勧められたが、私たちはそれを「食同定(シクトンジョン)」と呼んでいた。「同定」とは、生物の分類学上の所属を決定するという意味で、それを食べて当てるのを「食同定」という。実際には「食同定」という用語はなく、科学的なものでもない。先輩の言葉を信じて食べるべきかどうしようかと迷っている、植物の知識のない後輩をからかうためだ。そんなとき、私は無条件に食べた。毒がないことはわかっているので、味を知りたかったのだ。からかうためでもあったが、「食同定」で味わったり、匂いをかいだり、手触りを確かめることで、植物に早く慣れて記憶するのに役立つのだと、その先輩は付け加えた。そんな面白い方法を使って、先輩は植物の勉強の手助けをしてくれたのだ。

よくよく考えると、子どもの頃に自分が植物を好きになった理由や、植物と慣れ親しんだり楽しく勉強する方法も、ずいぶん忘れてしまっていた。いまも植物が好きなのは確かだし、愛しているが、いつしかそんな記憶を忘れて、ややもすれば植物を研究や仕事の対象として見てしまうのだ。植物相談所を訪れた人たちの質問に答えながら、忘れていた初心を思い出すことができるのは、とてもありがたいことだ。

　植物相談所を訪ねる多くの人たちが、多忙な日常生活のなかで忘れていた自然への思いを噛みしめる機会になればいいと思った。相談時間に限りがあるので、学問的には簡単なことしか伝えられないが、植物に一歩近づくことに役立てたなら幸いだ。私にとってその人たちとの出会いが、忘れていた思いを甦らせる時間であったように。

植物の神秘的で重要な秘密は、
おそらく植物のそばで
植物の四季を
見つめ続けている人だけが
知っているものです。

ヤマボウシ *Cornus kousa*

一事に精通した専門家に
なるべきなのか？

「あなたの夢は？」

どこで聞いた話だったか、最近は学生にこう質問するのは失礼なのだそうだ。私が子どもの頃は、大人たちからしょっちゅう聞かれた質問だったのに、世のなかもずいぶん変わったものだ。

この質問を聞くと、いつも尊敬する作家の言葉を思い出す。夢と職業を分けて考えれば、「あなたの夢は？」という質問も違って聞こえる、というのだ。仮に、花と一緒にいるのが好きで、「私は一生、花のそばにいたい！」

と夢見ている人がいるとしよう。一生を花と一緒に過ごすためのいくつかの道のうち、どれかひとつを現実化すれば、それがその人の職業になるというわけだ。考えてみれば、夢のない人はいないだろう。それを職業にはできなくても、誰にでも好きなことがあるはずだから。

私：進路についての悩みですか？　進路相談をされる人もたくさんいますよ。
相談者：よかったです。心配していたので……。いま西洋美術科の4年生なんですが、今年から副専攻として〔農業生命科学部の〕森林環境学を選択しました。前期に植物分類学の授業を取ったらとても面白くて、専攻の美術の授業がおろそかになったような気もして。でも、生物の勉強が楽しかったんです。ところが後期になっていよいよ卒業が迫ってきたら、教授たちから、なぜ生物学の授業を取るのかと聞かれるんです。美術専攻の学生が生物学の授業を取っているのを変に思ったみたいです。
私：教授にもよるでしょうが、たぶん心配になって聞くのでしょうね。
相談者：ですよね。だけど、専攻の美術の教授ばかりか、

生物学の教授からも同じことを聞かれるので、「自
　　分は迷走しているのかな」と心配になってきますし、
　　授業の登録をすると怒られそうな気もして。自分で
　　も何がしたいのか、ちゃんと答えられないものです
　　から。
私：好きなら両方したってかまいませんよ。そんなに
　　迷う必要ありません。人は誰も、いろんなことをや
　　りたいものですから、複数選択したっていいんです。
相談者：もう高校生でもないのに、フラフラしていて
　　いいんだろうかと思ってしまって。美術も本当に好
　　きなんです。美術をずっと好きなままでいたいから、
　　それを仕事にしてお金をかせぐのが怖くもあるし。
私：60歳まで、あれこれ思う存分やりながら生きる
　　のもいいですよ。いや、一生そう生きたっていいと
　　思います。夢と職業を分けて考えたらどうですか？

好きなことを追い求めるとは、どういうことだろうか。
数カ月前に会った植物を勉強している相談者も、似たよ
うな悩みを打ち明けた。植物学を選択する前、一時は土
壌学にも興味を持っていたという。土壌学の授業で採集
に同行して、あらゆる場所を回って土を採取したそうだ。
土をこねてドーナツ型にするのに、土の粒子が細かけれ
ば細かいほど、きれいなドーナツ型になる。相談者はそ

れを見ても特別な感慨は抱かなかったが、採集指導をしていた先生はドーナツを作りながらとても幸せそうに見えた。相談者も楽しく作りはしたが、先生は楽しいを超えて歓喜に満ちた顔をしていた。それで土壌学は自分の道ではないと思ったそうだ。

　大学であれ、大学院であれ、職業であれ、好きで選んだのに実際やってみたら思っていたのと違った、ということもあるだろう。失望したり、選択を間違えたと焦ったり、あるいは時間の無駄だったと後悔することもあるかもしれないが、経験してみてから決めたほうがいい。外から見てもわからないことは多いし、経験してからやめても遅くない。初心を抱いて必死に頑張るのも悪くはないはずだ。

　これだけやれば十分だと、どこかで区切りを付けて満足することもあるが、それでもいい。歓喜に満ちた土壌学の先生ほどには、相談者は土壌学を好きになれなかったと思うかもしれないが、もしかすると土壌を好きになる方法が違っただけかもしれない。相談者が今後、植物学と土壌を融合させた何かを見出すかもしれない。

　ふたつの夢のあいだで迷っている子どもに、進路選びのアドバイスをしたいと思っている親御さんが、植物相談所を訪れるだけでなく、メールや展示会の場で質問し

てくることがある。そのたびに私は自分の経験について話すようにしている。

　私は子どもの頃から植物と絵の両方が好きだったが、植物の勉強を続けるように勧める大人はいなかった。大人たちは、結果が目に見える絵のほうに私の才能があると思ったのだろう。植物は絵とは違った。そこで大人たちは、画家やデザイナーなどの職業や、美大への進学を勧めてきた。私の周囲には、植物分類学者について知っている人はいなかった。一番の夢は植物学者だと言っていたのに、みんなは私がきっと美大に行くだろうと思っていた。

　幸い、学部時代に運よく植物分類学の研究室に入って植物学を学び、指導教授のアドバイスで植物画も描けるようになり、とてもうれしかった。ところが、大学院への進学を前に、指導教授は心配しながら、修士では絵を後回しにして、植物の研究に絞ったらどうかと言うのだった。そこで私は悩み、絵を諦めなければならないと思うと憂うつだった。

　周囲の懸念から私まで心配になったが、好きな絵は諦めなかった。昼は植物の研究をし、夜や週末は絵を描きながら、修士の２年間を全（まっと）うした。博士への進学を控えていたときも、周りの大人たちから、いい加減しばらく絵はやめたほうがいいと言われて、また悩むことになっ

た。とりあえず両方ともやってみて、もし植物の研究に支障が出るようなら自分からやめようと思ったが、むしろ絵を描くことは植物形態学の勉強に役立った。そしていつしか画家という肩書も持つことになった。私たちは自分より若い人のことが心配で、これが最良だと思うアドバイスをするが、それは自分の経験のなかで最良のものを選んだに過ぎないのかもしれない。個人の経験の外には、多彩な世界がある。どんな人生の道を選択するかは、若い人が自分で決めることだ。

　過去の私の悩みと経験について短く話したが、実際は長い期間にわたり困難な道を歩んだ。自信を失ったり、愛する人たちの助言に従おうと努力したこともある。心のなかはいつも、相談者のように嵐のなかをさまよっている状態だった。最近でこそ、多くの分野で学問同士の融合が推奨されているが、かつては特定の分野に精通した専門家になるべきだという認識が強かった。専攻を選ぶときから、一事を深く学び、その分野の専門家になったほうがいいとの助言もよく受けた。だが、いつの間にか学問の融合や統合を通じた相乗効果が叫ばれる時代となった。

　かつて私はこの嵐のような悩みを解決するため、「一事に精通した専門家になるべきなのか」という問題について深く考えた。一般に専門家は、大学でひとつの専攻

を掘り下げ研究していることが多い。そこで、最初に大学ができたのはいつか、いまの大学のカリキュラムはいつ確立したのか、それ以前の人びとはどうしていたのか、多くの学問分野に手を染めた人にはどんな学者がいるのか、自ら問いを立てて調べてみた。

かの有名な『ファウスト』の作家ゲーテ（1749-1832）は、哲学者であり科学者だった。『デミアン』を著したヘッセ（1877-1962）は詩人であり小説家、さらに画家でもあった。生態学の祖ヘッケル（1834-1919）は生物学者・医師であり画家だった。教育書『エミール』を書いたルソー（1712-1778）は教育者・小説家・作曲家であり、さらに植物学にも造詣が深かった。生物学を語る際に外せないリンネとダーウィンもさまざまな職業を持っていた。100歳まで生きる人も珍しくない最近の寿命を考えれば、さほど昔の話ではない。

私はこうした事例から勇気を持つことができた。いまは自分がやりたいこと、複数の夢をめざすことに迷いはない。好きなことの前で思い悩む多くの人たちも、ためらわずに勇気を出してほしい。ひょっとすると、子どものときに抱いていた夢のほうが、自分が本当にやりたいことに近いのかもしれない。植物相談所に来てくれる子どもたちを見ていると、そんなふうに思えるのだ。

私：最近はあまり聞いてはいけないらしいんだけど……夢はなあに？ 聞いてもいいかな？

父親：大丈夫？

子ども1：うん！ 夢は3つあるよ！

子ども2：私も3つ。

子ども1：作家と、お医者さんと、動物飼育員！

私：植物学者じゃないのね（笑）。

母親：ないみたいです（笑）。

子ども2：私はね、絵描きと、お百姓さんと、歌手になるの！

ツルナ *Tetragonia tetragonioides*

何かを好きになるのは、自然で幸福なことです。
そこに大きな理由はいりません。
自分にとって大切で心が動く小さな瞬間が、
何かを好きになる
大きな理由になったりもするのです。

植物に国境はない

　近年、「在来」「在来種」という単語をよく目にする。とりわけ在来米、在来トウモロコシ、在来サツマイモというように、作物の前に付けられることが多く、「韓国産の」とか「昔からあった野生種」という意味に理解されているが、在来種とは「元々その土地に存在していた種」のことだ。
　だから、韓国の在来米とか、韓国の在来トウモロコシなどは、少しおかしな表現だ。というのも、イネは中国、トウモロコシとサツマイモはアメリカが原産地だからだ。したがって、在来米と言えば、本来は中国にある野生種

を意味するはずだ。もし韓国に入ってきて初期に栽培されたコメのことを言いたいのなら、在来品種のコメという表現がより正確だろう。

　植物学では、在来という単語よりも「自生（じせい）」という単語を使う。たとえば、朝鮮半島で自然に生まれて進化し、繁殖を続けてきた植物を、韓国の自生植物という。したがって、「韓国の植物」と言うと、韓国の自生植物を意味するはずだ。しかし、私たちがよく目にする親しみのある植物のなかには、思ったほど韓国の植物は多くない。

相談者：子どもの頃、父と一緒に山に行くと草の名前を教えてくれたのは、いい思い出になっています。ずっと忘れていたんですが、1、2年ほど前から道端に咲く花や木のことが気になり出して。だけど、名前を調べるのも大変だし、ずっと気にかかっていたんです。
私：植物図鑑は持っていますか？
相談者：1冊ありますが、道端の植物とはかけ離れたものばかり載っていて、あまり見る気になれませんでした。
私：確かにそうですね。初心者が植物図鑑から探すのは難しいし、道端の植物は図鑑には出ていないこともあります。というのも、身近に見られる植物は、

外国から入ってきているものが多いからです。「帰化植物」「外来植物」などと言いますが、主に自生植物を扱っている図鑑だと、どんなにページをめくっても出てこないでしょう。韓国の国花とされているムクゲも、実は韓国の植物ではないんですよ。

相談者：そうなんですか！　あそこに見える街路樹もですか？

私：一般にプラタナス Platanus と呼ばれている木ですが、それも外国から入ってきたものです。プラタナスは種類も多く、アメリカスズカケノキ、モミジバスズカケノキ、スズカケノキなどがあります。実を見ると区別しやすいです。

相談者：なるほど。すると、韓国の植物はモモくらいですかね。

私：モモも韓国の植物ではないんですよ。

相談者：えっ、モモも違うんですか？

食卓に上る植物の原産地を調べてみると面白い。味噌チゲ(テンジャン)の具を見ると、南米から来たジャガイモ、アメリカから来たカボチャ、メキシコから来たトウガラシ、中央アジアから来たニンニク、中国から来たネギなどが入っている。インドから来たキュウリ、ヨーロッパと西南アジアから来たニンジン、地中海と西アジアから来たサン

チュなど、その他の野菜もほとんど外国原産なので、ダイズの原産地が朝鮮半島から中国一帯だと聞くと、逆に驚いてしまう。果物も同様だ。中国から来たモモ、中央アジアから来たリンゴ、西アジアから来たブドウなどだ。

あたりに植えられている植物も、外国から来たものが多い。街路樹として最もポピュラーなイチョウ、アメリカスズカケノキ、塀につるを伸ばすノウゼンカズラ、バラ、公園に植わっているサンシュユ、サルスベリ、韓国の文化に昔からなじみ深いウメ、ボタン、ハスなども外来種だ。雑草でいえば、ツキミソウ、シロツメクサ、ヒメジョオン、ノゲシ、ゲンゲなどは親しみ深いので韓国の植物だと誤解されていたりもするが、これらも外来種である。

植物相談所を開くたび、私は雑草を持っていくようにしていた。相談者と一緒に虫眼鏡で植物を観察しながら、植物の構造を説明するためだった。雑草であっても、一つひとつ花瓶に挿して観察していると、どれもが美しい。ある相談者からは、いつもこんなにきれいな花を摘んできて大丈夫なのか、と聞かれたこともある。花瓶に美しく飾られた雑草を、誰かが育てている植物だと思ったようだ。

団地や小川の散歩道を歩いていると、あちこちで実に多くの外来種の雑草が見られる。アレチウリ、ブタクサ、キダチコンギク、ムラサキウマゴヤシ〔アルファルファ〕などだ。これらの植物は水を利用して種を広く、早く拡散させる

ので、しばしば川べりを覆っている様子が見られる。

　これらの植物を折って傷つけたり死なせたりするのは心苦しいが、こうした外来種は強い生存力で国内に根付き、自生種を追い出して生態系を破壊する侵入種だ。面白いのは、白い花をいっぱいに付けるキダチコンギクや紫色の花が可憐なムラサキウマゴヤシは、同じあくどい侵入種でも、アレチウリやブタクサのように冷遇されることはない。植物相談所でも人気者だ。韓国に根を張って久しいツキミソウやシロツメクサを見せると、みんなかわいがってくれた。

　いつも散歩している小川の水辺には、季節ごとに植物が手入れされている。川に土が流れていかないよう、大きな石を積み上げた土手があり、その上にコスモス、セイヨウアブラナ、ヒナゲシ、キバナコスモス、ハルシャギクなどが植えられている。散歩や運動をする人、自転車で通りがかった人たちが、立ち止まって写真を撮る姿をよく見かける。私もそれに便乗して写真を撮る。

　こういうとき、私は特定の花だけを選んで撮影する。指定された土の上を抜け出して、少しずつ川のほうへと進出する花たちだ。種が拡散されたり雨水で流されたりして、土手の石の隙間や川の水に足を浸している。これは一種の事件現場なので、撮影しておくのだ。多くの外

来植物は、元は庭に植えられていたものだ。それが野生に出て行って侵入種となり、外に根付いて帰化植物になるわけだ。きれいだからと植えたものが、結局は国内の生態系を破壊する植物になっているのを見ると、いっそ生殖能力を持たないように開発された園芸種のほうがましに思えてしまう。それは植物自身の立場からは悲しいことだが、それでも生態系を乱すことは減るのではないだろうか。

　アメリカ、ヨーロッパ、中央アジアなど、国籍もさまざまな新しい侵略種が、悩みの種としてニュースに登場する。だから韓国人にとっては外来種、侵略種、帰化植物に対する印象はあまりよくないが、韓国の植物も海外であたかも犯罪者のようにニュースに登場している。代表的なものとしてクズ〔朝鮮半島など東アジア一帯が原産〕がある。クズは世界最悪の侵入種100種に含まれている。一時、クズはフジのような美しい紫の花を付けるので、庭木として紹介された。しかし、いまでは茎を取り除いても死に絶えることがなく、世界中の人がクズを枯らす方法を研究し、情報を共有している。

　アメリカの研究所にいた頃、森のなかを散歩していて、思いもよらず親しみのある植物に出会って驚いたことがある。それはエゴマ〔東南アジア原産とされるが、朝鮮半島でも古代から食用として栽培されてきた〕だった。アメリカのスーパー

にはエゴマの葉はない。まれに韓国系スーパーには置いてあるが、高くて簡単に手を出せなかった。ところが、研究所の森のなかはもちろん、採集で行った遠くの森にも、エゴマがたくさん生えていた。

　最初は葉の形が似ている他の植物だと思い、研究所に持ち帰って調べてみたが、正真正銘のエゴマの葉だった。私は研究室の同僚たちに、この野菜は韓国人の好物だと教えてあげたが、初めて食べられると知ってみんな驚いていた。だが、よくよく考えてみれば、アメリカの土地に根付いたこの厄介者の侵入種は、韓国人の仕業ではないかと思えてきた。エゴマの葉は特に韓国人に好まれているからだ。

　一方、他の人たちと同様、外来植物の侵入を否定的に見ていた私だったが、アメリカであるセミナーを聞いてから、その肯定的側面についても考えるようになった。人間によって植物の生存がほぼ不可能なほど破壊された場所に、強靭な生命力を持つ外来種が初めて根付き、その地域の二酸化炭素濃度を低下させたという研究だった。いきなり入ってきた外来種が自生植物の生態系を掻き乱すのは否定的なことだが、外来種も結局は植物だ。植物はどこにあっても、光合成という自らの本分を忘れない。

　植物には国境はない。どこそこの国の所属として、植物を仕分けするのは無意味だ。植物はそれぞれ、自分だ

けの領域を持っているだけだ。鬱陵島（ウルルンド）で出会ったノビネチドリにロシアのカムチャツカ半島で再会したときは感激したが、考えてみればそれはノビネチドリの自生範囲なのだから当然のことだった。

　植物はすべて自分だけの国境を持って生きてきた。人間が好き勝手に持ち運び、それに外来種、侵入種、帰化植物というレッテルを貼っただけのことだ。植物にはそもそも罪はないのだ。

ヤブニッケイ *Cinnamomum yabunikkei*

さまざまな裸子植物の実

歩く植物図鑑

「この植物の名前は何ですか？」

 植物学が専門だと言ったとき、一番よく聞かれる質問だ。写真を見せてくる人もいる。それを見て答えると、首をひねってこう言うのだ。「どうしてこんなに多くの植物の名をいちいち覚えているんですか？」最近では、写真を撮ってアップすれば大抵の植物の名を教えてくれるアプリもあるが、コンピューターでもない一人の人間が、植物をたくさん記憶していることが不思議でならないようだ。

植物に関心を持った人は、まずその名前を知りたがる。ところが覚えようとすると、思った以上に種類が多くてややこしいので、暗記するコツを聞かれる。専門的で正確な知識は無理にしても、道端で見つけた植物の名前くらいはわかるようになりたいというのだ。しかし、それほど簡単ではない。

私：大学生レベルの植物分類学の知識を学びたいんですか？　それとも、道端の植物を見て「これは〇〇だ！」とわかる程度ということですか？

相談者：その中間くらいかな（笑）。名前だけなら、近くにいる植物に詳しい人と一緒に歩きながら聞けば何とかなるんですけど、私はもう少し深く知りたいんです。なぜこんな形をしているのか、というような。分類学的に見たら、植物がいまのように分類された、それなりの理由があるんでしょう？

私：でしたら、学部生が読む植物分類学や植物系統学の本のなかから、なるべく易しいものを選んで勉強してみたらどうでしょうか。難しい専門用語も多くて、ちょっと大変かもしれませんけど。たとえば、散形花序〔一点から放射状に柄をもつ花が伸びているよう

に見えるもの。花序とは茎への花の付き方のこと〕、繖房花序（さんぼうかじょ）〔花軸に付く花の柄が、下部ほど長く上部は短いため、全体がドーム状になるもの〕、護穎（ごえい）〔イネ科の籾殻（もみがら）の部分〕、苞穎（ほうえい）〔護穎の外側にある2枚の小さな葉状の組織〕、集合果（しゅうごうか）〔多くの花が小果となり、それが集合してひとつの果実のように見えるもの〕、核果（かくか）〔果実が薄い皮に包まれ、その下に水分の多い果肉があり、その内側に種子を包む硬い内果皮があるもの〕、蜜腺（みつせん）〔被子植物の蜜を分泌する器官。多くは花の内側基部にある〕等々、用語を知らないと読んでも理解できないと思います。まずは図書館に行って、自分に合った本はどれか、読み進められそうか、検討してみてください。勉強もいいですけど、身近にある植物の名を知るために何度も足を運ぶことも大事です。植物に詳しい学者は、大学院に入る前からすでに植物マニアだった人が多いんです。子どものうちから植物の名前もある程度覚えています。それを基礎に、知識を広げていくと早いですよ。

相談者：一種の早期教育というわけですね。自然に親しんで育つと違うのでしょうね。

私：はい。地方の出身者もたくさんいます。幼いうちから色んな植物に接して、区別ができる鋭い目を持つわけです。難しい植物用語を知らなくても、どのグループに属するのか当たりが付くし、植物の構造

もすでに知っているんです。

　生物学で「同定」とは、種の所属や種名を明らかにすることを言う。植物採集から帰ると植物の標本を作るが、そのとき植物を同定して名前を標本ラベルに記録していく。「植物の名前をたくさん知りたい」というのは、「植物の同定が得意になりたい」という意味だろう。教科書的な答えだが、同定の王道は経験と反復学習だ。暗記力には個人差があるので仕方ないが、多くの植物をよく見て、標本をよく観察し、図鑑をよく見ればいい。

　登山と採集で疲れ切って、採集してきた標本の山をいちいち確認して図鑑で探す作業までやりきれない学生がいる。そんな学生は植物の種類の多さに絶望して、植物分類学の勉強をやめてしまうこともある。それとは逆に、地球上に植物がたくさんあるおかげで勉強が続けられるのがいいという学生もいる。

　ちょっと悲しい話だが、大学に入ってから植物に関心を持ち、大学院で植物の名を覚えようとしても手遅れだともいう。子どものうちから植物マニアだった学生たちに追いつくのは難しいからだ。隣の学生に質問するのも、一度や二度ならともかく、毎度毎度ではプライドが傷つく。植物研究者のあいだではこんな話もある。植物採集に行って山のふもとで先輩に「この植物は何ですか？」

と聞くと、親切に教えてくれる。山登りの途中で同じ植物の名を聞いてもそのまま教えてくれる。しかし、頂上で3回目の質問をしたら先輩から大目玉を食らう。

　ごく身近な植物のこともよく知らないのに、自分ひとりで多くの野生植物を同定する必要に迫られると、図鑑をどこから見ればいいのかもわからないだろう。そんなときはこんな指導を受ける。韓国の植物4千種が全部載っている2千ページの図鑑を、頭から1ページずつ、じっくりめくりながら探せばいい、と。からかっているのか、何かの罰なのかと思うかもしれないが、植物図鑑を頭から最後まで何度も精読するのは、実によい勉強法なのだ。

　6歳のとき親に買ってもらった子ども植物図鑑を見るのが大好きだった。何より花の写真がきれいで、たまに家の近くにある植物の名を言い当てられると、そのたびにうれしかった。記事の合間に小さく描かれたキャラクターが、植物の特徴を説明してくれるのも面白かった。本の背が割れてページがバラバラに落ちてしまうまで、毎日図鑑を見ていた。その後に買ってもらった大人用の植物図鑑には、子ども用にはなかった新しい植物が紹介されていてうれしかった。

　そんなわけで、私はかなり植物の知識を持った状態で学部の研究室に入った。先輩からは植物のことをよく

知っていると褒められ、同学年の植物学専攻者のなかでも一番優秀だというお墨付きまでもらい、鼻高々だった。ところが、研究室で専門的な図鑑を見ると、想像以上に種が多くて近縁種との区別も難しく、どれひとつとっても同定するのは容易ではないことを悟った。

　ある日、研究室で植物標本を見ながら同定をしていた。ところが、アマチュア的知識として知っていたいくつかのタデの一種だろうと見当を付けて図鑑を繰ってみると、ニオイタデ、ハナタデ、オオケタデ、ボントクタデ、コゴメタデ、シロバナサクラタデ、サナエタデ、タニソバ、ヤナギタデ、ミズヒキ等々、その種類の多さに圧倒されてしまった。そこへひょっこり誰かが入ってきた。「お疲れさま。ああ、それはネバリタデだね。花軸の下の茎を触ってごらん。ベタベタしてるだろ」。そう言って、またどこかへ消えてしまった。私が図鑑で調べてもなかなかわからなかった植物名を、その先輩が遠目から言い当てたのが不思議で、尊敬の目で「いまの人、誰ですか？」と隣にいた先輩に尋ねた。「うん、『歩く植物図鑑』だよ」と、先輩は答えた。ずいぶん前に卒業した博士だという。あとで知ったことだが、「歩く植物図鑑」とは、植物分類学者のあいだで使われる誉め言葉だった。私も歩く植物図鑑になろう――。私はそのとき決意したのだった。けれど、「早期教育」を受けたにもかかわらず、

まだ歩く植物図鑑にはなれそうにない。

　植物分類学の基礎的な勉強である採集と標本制作、そして同定は、時間と粘り強さが必要とされる。よい論文を書くには、DNA解析などの分子生物学的研究や系統学的コンピューター分析といった、最新の学問も学ばねばならない。子どもの頃から植物の名前をすらすら覚えてきた学生なら、新入生のときは楽に基礎的な勉強を制覇できたと思われるかもしれない。しかし、同定の勉強には乗り越えるべき次の段階がある。「この植物は○○で、あれは△△」という具合に名前を言い当てて得意になっているそばで、先輩の研究者が植物分類学用語を根拠に挙げながら「この植物はこうした理由から○○、あれはああした理由から△△」と説明するのを見ると、自分はただの絵合わせパズルがうまいだけなのだという事実に気付かされる。

　面白いのは、長く研究を続けた人ほど、あまり名前を言わなくなることだ。たまに、植物の名前をたくさん知っているアマチュアが、私の尊敬する植物学者の陰口を叩きながら、「自分よりも植物の名前を知らない」と言ったりするのを見ると、とても悔しい思いがした。研究を長年続けてきた人が、この植物の名前は何かという簡単な質問に答えなかったり、口ごもったりするときは、お

そらくあとで時間のあるとき、口承説話のような長い答えをもらえるはずだ。

「以前、ある学者がかくかくしかじかの形態学的な根拠から、これこれの種として命名をしたが、のちに別の学者が追加分析を行ない、あちらの分類群に移した。だが、最近の研究者が書いた論文を見たところ、遺伝子解析によってこの種は既存の種に類似しているので、統合すべきではないかという気もするが、その後のゲノム解析論文ではまたちょっと違うし……。ところがだね、また最近のある学者が似たような新種を報告したんだ。その種は分子系統学的に似てはいるが、形態学的には違うので、同じ種だとは言えないが……」

「ところで、なぜこの植物を持ってきたんですか?」
「一度お見せしようと思いまして。
いったん説明を聞いて観察しておけば、
次からは道端でも見つけられるでしょうから」

トゲツルイチゴ *Rubus schizostylus*

植物が死ぬと、
秘密の友達が消えたみたいだから

　古代ギリシャの時代から、植物と動物を区別する重要な特徴は「動き」にあった。動物が植物の実を持っていったり傷つけたりしても、植物はじっとしている。植物も確かに成長し、動いてはいるが、素早く動く動物よりも静的で、受動的な存在と見られている。何となく無生物のように思ったり、死んでいるように見えたりすることもある。動けないという特徴のせいで、植物は元々死んでいるものと見なされたりもする。

　しかし、一部の植物は環境さえよければ、動物よりも

長生きする。寿命が千年を越える木もある。しかし、育つ場所の環境が悪ければ、植物は死んでしまう。その代表的な場所は、ベランダと植木鉢だ。ベランダに置いた植木鉢で植物を育てるという方法は、自然環境と比べて危険だ。その環境で人間がうっかり水やりを忘れると、それだけで植物は死んでしまうからだ。

　人間が暮らす空間である都市でも、環境さえ合えば植物は長生きできる。家の近所に古いマンションがあるが、そこの敷地には地下駐車場がないからか、木々が深く根を下ろし、高くそびえている。古いお寺にでもありそうなイチョウの巨木も1本あり、夏場になると、マンションの棟と棟のあいだの空間はイチョウの葉で埋め尽くされる。

　マンションでは、駐車場が足りなくなると木を切ってしまうことがよくあるが、そのマンションは駐車場が狭いのに、広い場所を占領しているイチョウの木は切られなかった。きっとイチョウの木がこんなに育つ前に切ってしまおうと提案した人もいただろうに、多数の住民がイチョウがそこにあることを望んだようだ。秋になってイチョウの葉が色づくとき、ベランダ越しに見える黄色の波を愛する者であれば、木を守りたかったはずだ。人間は決心さえすればいつでも植物を殺せるが、違う決心をすれば団地の敷地でもマンションと同じほど巨大な木

を育てられるのだ。

　殺そうとした植物が生き残り、粛然とした気持ちになることもある。火を付けると、硬い外皮が燃えて、かえって芽が出やすくなったり、枝や葉を切ると、そこから根が生えたりすることもある。相談所に来たチビっ子が、毎日歩いていた道にこれまで見たことのない植物が現れて驚いたといって、写真を見せてくれた。それは萌芽(ほうが)だった。たまに大きな木を根本から切ると、その切り株の脇から萌芽が生えてくる。木は、地面の上に伸びている枝と同じほど、地面の下へと根を伸ばしている。その中間の根本部分が切られると、根で集めて枝に伝わるはずだった栄養分によって、たちまち萌芽を土の上に押し上げるのだ。前に会ったあるおばあさんは、大切に育ててきた柿の木が台風に倒されて悲しんでいたところ、庭をかき分けるようにして顔を出した萌芽を見て、その柿の木がいっそう愛(いと)しくなったと語っていた。

　人間は、植物がある程度切っても死なない点を利用したりもする。道端に植わった植物を熱心に観察してきた相談者が訪ねてきたことがある。ユリの類いが道端によく植わっているのだが、最近、作業員が来てつぼみを切り落とすのを見たという。「花の首を切るなんて」と言いながら、それをどう思うかと私に聞いてきた。おそらく、ひとつのつぼみが出たとき、それを取り除いてやり、

その脇からたくさんつぼみが付くようにする作業を見たようだ。

　代表的な例として、キク類でもこのような作業を行なう。そうしてつぼみの数を増やし、植木鉢いっぱいに花が咲くようにしてやるのだ。相談者が観察したところ、そのユリの花を切った場所から茎が3本に分かれて伸び、3つのつぼみができたそうだ。「それで花の首を切る理由はわかったのですが、花の立場からしたら別にうれしくはありませんよね？」そう言って、改めて私にどう思うかと質問した。相談者はすでに観察を通じてつぼみの付いた茎を切る理由を知り、その上で人間の残忍さを感じて、相談所を訪ねてきたのだった。「花の首を切る」と表現したのも、そのせいだった。

　先日、ある自然史博物館で展示を開催した。植物以外にも多くの生物の絵を展示する計画で、展示のタイトルには自然史博物館に合わせて「自然史 natural history」という単語を入れたいと学芸員に伝えた。以前から自然史という言葉に興味深いものを感じていたからだ。ところが、その学芸員から思いもよらない話を聞かされた。「しぜんし」と「植物」いう単語から、参観客が「植物人間」や死を連想したり誤解したりする可能性があるので、使うのは控えたほうがいいというのだ〔韓国では「自然史」と「自然死」は同音な上、ほぼ漢字を使わないので、文脈で違いを判断するし

かない〕。一度も自然史をそんなふうに考えたことはなかったので、私はあきれてしまった。植物学者として日頃から、植物人間という用語になぜ植物という言葉が入るのかと苦々しく感じていたが、「自然史もか……」と思ったからだ。ニュースのなかで植物政府、植物国会、植物大統領などの言葉が登場するたび、特に抗議するわけではないが、密かに不満を抱いていた。植物がどれほど賢く、躍動感にあふれる生物なのか、知らないのだろうか。

そんな私の思いをよそに、「この植物は死んでいるのですか?」という質問をよく受ける。自分が育てている植物が死んでいるのか生きているのかよくわからないというのだ。ある人は、すでに植物が死んでかなりになるのに、まだ生きていると信じて、ずっと芽が出るのを待っていたりする。生きている植物と死んだ植物は見た目からして違うのに、区別が難しいようだ。葉がなくても夏芽や冬芽が生きているか、茎の導管や篩管に水気があるか、根が柔らかかったり乾燥したりしていないか、糸のようなひげ根が健康かどうかを観察するようにと、具体的な見分け方を教える。それでも私は、生きている植物からはエネルギーが感じられるはずなのに、死んだ植物と区別できずに質問をすること自体に、また苦い思いがする。

この植物は死んだのかという質問があることから、植

物は生きている存在なのだということがわかる。植物も本当に死を迎えるまでは、動物と同じく必死に生きているのだ。カビや細菌もそうだろう。それぞれの生きるスタイルが違うだけで、生物はどれも生命を持った存在だからだ。

　小学校に通う姉妹とその母親が、植物相談所を訪れた。子どもたちが育てている植物の写真を1枚1枚、自慢げに見せながら、うれしそうな表情を隠せない様子だった。かわいらしいその姿に、約束の相談時間を過ぎてしまうところだった。

　チビっ子相談者は、育てていた植物にナメクジが付いているのを見つけ、それをビンに入れて育て始めた。最初は怖かったが、毎日観察しているうち、だんだんかわいくなってきた。「自然(ジャヨン)」と名付け、情も湧いた。ナメクジが死んでいるのを見つけた日が、生まれて一番悲しい日だったというチビっ子相談者は、そのナメクジの写真も大切に保存してあり、「自然」という単語を耳にするだけで涙ぐむほどだった。一方、育てていた植物が死んだとき、この子たちはどんな気持ちだったのだろうか。

私：植物が死んだときもいっぱい泣いたの？

子ども：植物が死んだときは、泣かなかったよ。でも、捨てるときはすごく悲しかった。それで夜には夢にも出てくるの。植物が何度も夢に出てくるんだけど、そのときには泣くよ。
私：どうしてそんなに好きなの？　かわいいから？
子ども：命はとても大切だし、かわいいよ。それに、秘密の友達ができたみたいだったから。

サイハイラン *Cremastra variabilis*

偉大になる必要はない

　サンシュユの実は、秋に赤く熟れても落ちることはない。冬になっても枝にぶらさがっている実は、鳥たちをおびき寄せる。紅葉がすっかり落ちてなお残っている赤い実は、なおのことよく目立つ。そんなサンシュユが葉を落とし、実の赤さを誇る晩秋のある日、しとしとと降る雨と肌寒さのせいか、いつもの公園には人けがなかった。

　私は散歩しながら近所の生物を観察するのが好きだ。その日は天気が悪くて出るのがおっくうだったが、ぜひ見ておきたい木があり、重い腰を上げた。サンシュユが

落とした紅葉を見ながら、もう秋も終わったと思っていたら、木の根本の落ち葉のあいだから白いササクレヒトヨタケがニョキッと顔を出しているのが目に留まった。図鑑では見ていたものの、ササクレヒトヨタケの実物を見るのは初めてだったので、私はしばらく木の下に這いつくばり、その場を動けなかった。

　キノコは大抵、じめじめした日に顔を出し、天気がよくなると壊れて消えてしまう。その公園にはよく行くのにキノコを見る機会がなかったのだが、その日は曇っていたおかげでササクレヒトヨタケに初めて出会うことができた。ササクレヒトヨタケはカサを開いたのち、カサのふちが墨汁のように溶け落ちる独特の形態を持つ。しかし、これでササクレヒトヨタケが消えてしまうわけではない。私はポタポタとしたたり落ちる墨汁を集めて、うきうきと家に帰った。その墨汁を顕微鏡でのぞき込むと、多くの胞子が見られた。観察し、論文や図鑑で調べ、標本を作ると、すでに夜になっていた。私はキノコを研究する菌学者でもなければ、論文を書くわけでもなく、キノコ栽培をするわけでもない。でも、ただこうした時間が好きなのだ。

　キノコだけでなく、私はすべての生物が好きだ。もし海辺の町で育ったなら、海洋無脊椎動物を研究する学者になっていたかもしれない。5年以上も家の冷蔵庫にい

るアオウミウシとシロウミウシを見ていてそう思う。絵も同じだ。私は主に科学イラストを描いているが、実は他の絵も描いている。必ずしも絵とは言えないような形のもの、あるいは他の美術分野の作業も好きだ。親しい美大の教授に一度だけ、私が自由に描いた絵を見てもらったことがある。「もう少し頑張って、集中して絵を描き続けてみたらどうか」と言ってもらえたが、丁重に遠慮しておいた。自由に絵を描くことは、キノコを観察するのと同じことだ。やっているあいだは幸せだし、やらないではいられないけれど、何かを達成できなくても満足だ。誰かから評価されたいわけではなく、自分の欲求を解消したいとでも言おうか。

相談者：いま樹木園で働いています。機会に恵まれ、公務員として採用されました。ところが、今年で4年目になるのですが、毎日の仕事が同じことの繰り返しで、新しくやることがありません。まるで回し車のネズミになったようで、何か新しいことを始めたいと思っています。創作活動にも興味があるし。

私：いますぐ仕事を辞めたいわけではないんですね？あるいは、そういうことも考えているんですか？

相談者：最近は悩みが多くて、仕事をすっぱり辞めて違う道を歩むのもひとつの方法かも、と思ったりもします。それでも当面は生活のこともあるので、簡単には辞められません。

私：だったら、いまの樹木園で新規の仕事を提案したり始めたりすることはできないのでしょうか。食べていくことは簡単ではありませんが、よい同僚と安定した職場があることは、本当に幸運ですよ。やめて創作活動をすることもできるでしょうが、いま働いている樹木園の担当の温室で、そんな思いを発揮してみてはどうですか？　自分が一番自信のある創作活動を、そこでやってみるんです。温室に来た人たちと何かやってみるとか、温室訪問記を書いて出版を目指すとか、温室の植物を素材に創作活動をするとか。絵も描きますか？

相談者：いいアイデアですね。文章を書くか、絵を描くか、まだ具体的には考えていません。何か表現したいとは思いますが、漠然と考えているだけです。絵は中学の頃まで、入試のためにちょっと習いましたが、その後は縁がなくなってしまいました。また始めようとしても、何だか絶望的な感じがして……。

私：創作活動をするなら、「絶望的」という言葉はあまり合わないと思います。創作活動にとって絶望的

であることは、むしろいいことかもしれませんよ。芸術というのは始めるものではなく、内在しているものではないでしょうか。創作への欲求を解消して幸せになりたいというのなら、必ずしも学ぶ必要があるとは思いません。もしかすると、絶望的という気持ちは、無意識のうちに早く結果を出したいとか、何かを成し遂げたいという目的があるからではないですか？「幸せになりたい」という気持ちのなかに、知らず知らずのうちに「偉大になりたい」という気持ちが隠れていることもありますよ。

相談者：そういえば、自分の名前を知らしめたいという欲求がありますね。

私：それは誰にでもありますよ。でも「幸せである」ことと「偉大である」ことは区別する必要があると思います。初めから偉大になることはできませんから。

　毎週1日に3〜4時間ずつ、1年タームの植物画の授業をしたことがある。ありがたいことに、3年間で約20人の学生がこの長い授業に最後までついてきてくれて、途中でやめた学生まで合わせると約40名の人と出会えた。年齢や職業、好みも多様な人たちとの出会いから、学ぶことも多かった。

　韓国国内にも科学イラストが描ける人材を育てたいと

いう私の過度な情熱から、一般人にはやや難しい植物学と絵の授業を行ない、たくさんの宿題まで出した。宿題をチェックするときは、本来の2、3倍の量を熱心にこなしてきてみんなを驚かせるメンバーもいれば、毎回宿題を忘れてきてもクラスの雰囲気を愉快にしてくれるのでみんなに愛されるメンバーもいた。美術の専攻者や絵が上手な人もいたし、植物についてかなり詳しい人もいた。
　私は学生たちと会うなかで、創作について、そして作家について、考えをめぐらせた。一体、どんな傾向を持った人が、真に創造性のある作家になれるのだろうか。私が思うに、こんな人たちだ。材料や方法を自在にあやつり作品の限界を感じさせない人、作品だけではなく創作の過程までもがクリエイティブな人、誰も見ていない部分においても自分なりのメッセージ性を込めている人、他の人のまねを絶対にしたくない人、歴史のなかで唯一無二の人、経済的な目的なしに創作を始める人、創作への欲求を解消しないではいられない人、学び始める前も学び終えたあとも自ら創作を続ける人……。
　毎週の授業の最後には、歴史的な作家の絵を1点ずつ取り上げ、作家について、絵について、絵のなかに描かれた植物について調べるという宿題を出した。そして次の授業を始めるときに、順番に発表をし、討論する時間を持った。西洋では広く知られているのに韓国ではなじ

みのない植物画の歴史を教えたい気持ちもあり、さまざまな作家の人生や絵のスタイルを見ながら、各自の方向性を探してもらいたかったのだ。

　いい作品、いい作家ばかりを選ぶことはしなかった。その当時は偉大な作家とされていたのに、現代ではそれが過大評価だったと考えられていたり、見掛け倒しだった作家もいた。政治状況を利用して権力者に近づき、かれらの好みに合う華麗な花の絵を描いた作家もいたし、植物学の教授や名声ある科学者という自分の立場を利用して、レベルの低いイラストを大量に残した作家もいた。そんな作家の影で迫害され、数百年を経てから再評価される作家もいた。

　科学や美術の分野以外でも、すべては結局、人間がやることなので、作品を客観的に判断できるようになるにはかなりの時間が必要だ。権力者が消え去り、かれらを持ち上げていた子孫も消えて客観的になれたとき、初めて本当によい作家を見極めることができるはずだ。つまり、いま生きている誰かを、あるいはその作品を、本当に偉大だと判断するのは時期尚早ではなかろうか。

　創作活動を始めたいなら、自分が幸せで胸を張れることに焦点を置き、とにかく始めればいい。そうすれば、別に絶望する必要もないし、結果が出なかったとしても、その創作の過程だけで幸せを感じられるかもしれない。

人が暮らすのに、どれほどのものが必要でしょうか。
いまあるものの価値や大切さを知ってこそ、
何か大切なものが近づいてきたとき、
それに気付けることでしょう。

サイシュウメギ *Berberis amurensis* vat. *quelpaertensis*

悩めるコケ研究者

私：修士のときにコケ（蘚苔類）の研究をしていたんですか？　韓国には蘚苔類の研究者はほとんどいないはずですが、そんな分野を研究する人がいるとは、なんだか私までうれしくなりますね。

相談者：ええ。以前から進化発生生物学 Evo-devo; Evolutionary Developmental Biology に興味がありました。シロイヌナズナに重要な遺伝子があって、それがコケにも同じように保存されていることに指導教授が関心を持っていたんです。研究室で研究している分野

ではなかったんですが、私が個人的に研究したいと思ってやることになりました。協力してくれる他の大学の研究室で実験の方法も学びながら、修士は手を抜きながらやっていました。

私：頑張っていたんでしょうから、手を抜いたわけではないと思います。理系の修士課程で実験をまとめて、学位論文まで2年で終えたら立派なものですよ。おっしゃっていた研究の過程や今後の進路のことを考えると、本当にすごいと思いますけど、何が悩みなんですか？

相談者：学部では化学の勉強をしていたんですね。植物性化学物質に関心を持って化学の勉強を始めて、そこから植物の進化や発達のほうが面白くなりました。でも、実際にこの分野に来てみると、あまりにマイナーな分野だったんです。一度、生物学の学会に行ったんですが、がん研究のセッションではみんな真剣に発表を聞いているのに、植物のセッションになったとたん、スキーをしに行ってしまうんですよ。それで植物学はマイナーなんだ、と思ったのですが、そのなかでも進化と発達はさらにマイナーなようです。

私：博士を修了してポスドクをやって、もっと深く専門的に研究すれば、どんどんマイナーになるもので

はないですか？　論文を書いているとそう思います。それでも、私の専門の植物分類学よりはマイナーではない気がしますが……。

相談者：好きでやっているのは確かですが、学会のたびに同じようなことがあると不安にもなりますね。何だか自分がひとりきりになったようで。

　規定の2年以内に学位を取得できない修士課程の学生は多い。授業を聞いて単位さえ取れば「修了」はできるが、それは学位ではない。学位を取るには論文を書く必要があるが、修士課程に上がって初めて論文を書くのは簡単ではなく、時間がかかってなかなか学位が取れず、ついには諦めることもある。「修士論文は鍋敷き代わり」という冗談があるが、本人にとっては簡単なことではない。

　相談者は名門大学で頑張って期限内に修士を終え、イギリスの大学院の博士課程に行く前に植物相談所に来てくれた学生だった。話を聞いてみると、私よりもしっかりしていて、堅実に科学者への道を歩んでいるので、最初は研究に関する悩みなどないように見えた。ところが、研究分野があまりにマイナーなので、同じくマイナーな研究をしている人と話がしたかったとのことだった。植物学の分野でも、分類学は本当にマイナーな学問だからだ。大学に植物分類学の教授がいないことも少なくない。

私も同じ悩みを抱いたことがあるが、他分野に進むつもりはなかった。というのも、分類学が一番面白かったし、大学院は自分の意志で好きな勉強をするために行くところだからだ。

　私がいた大学にはさまざまな植物学の研究室があった。しかし、私たちの研究室は分類学を研究していたので、他の研究室とは研究テーマがかけ離れており、あまり交流はなかった。数日間にわたり山を歩き回って汚れた登山服と登山靴という格好で、仲間たちと廊下を歩いていたり、採集してきた植物の標本を整理していると、他の研究室の人に不思議な目で見られた。

　年がら年中、研究室に籠もって青白い肌をしている他分野の人とは違って、うちの研究室のメンバーはみんな真っ黒に日焼けしていた。どの専攻でも苦労はあるだろうが、肉体的にしんどい採集や標本製作、多くの種を分類する暗記能力、さらには他の研究室と同じく実験してコンピューターで分析までしなくてはならないので、私たちはいつも仕事の種類が多すぎると嘆いていた。他の研究室では大きなテーマに全員で取り組むことが多いが、私たちはキク科、バラ科、ラン科、イネ科といったように、植物分類群別に各自が孤独に研究していた。だが、誰も気にしていなかった。私たちはただ、植物分類学の勉強がしたくて集まっただけだったからだ。

これから研究生活を始める学部生から、大学院生、ポスドク、教授まで、さまざまな人と植物相談所で出会った。博士号を取って1年たった頃、ある若い教授に会った。私はどこでポスドク生活をするか悩んでいたが、その教授は最近の悩みを打ち明けながら、自分は教授に向いていないことに気付いたと言うのだった。よい研究業績を上げて教授になったものの、いざ教授になってみると、自分は研究がしたかっただけで、教授になりたかったわけではないことがわかったという。

　博士号を取れば少しは悩みが減ると思ったのに、今度はポスドクの件で頭を悩ませていた私にとって、教授になっても悩みがあるという話を聞かされて、気が抜けてしまった。どこで聞いた話だったか、自分がいま生きている姿が未来の自分の姿だ、という。こんな悩みは悩みというより、ただの生活にすぎないのかもしれない。だから、おそらくコケ研究者である相談者も、これまで頑張ってきたように、いまはイギリスで博士課程の研究に励んでいる頃だろう。

　尊敬する韓国の植物分類学者のなかで、いまは引退されたパク・スヒョン先生がいる。韓国の帰化植物、シダ植物、イネ科、カヤツリグサ科の分類・整理に貢献した。研究の初期には自生植物の調査に力を注ぐべきだという空気のなかで、帰化植物の研究は十分になされていなかっ

た。

　また、シダ植物、イネ科、カヤツリグサ科はいずれも研究が困難な分類群だ。ワラビなどのシダ植物には花がなく、イネ科はシバやイネのように葉が長く鋭い種類だ。カヤツリグサ科もイネ科に似た形をしているが、分類はさらに難しい。カヤツリグサ科の研究をすると死ぬ、という冗談もあるほどで、実際に過労で死んだ植物学者がいるとかいないとか。修士課程に入って指導教授からカヤツリグサ科を研究テーマに割り当てられたら、先輩たちから冗談半分で「おい、カヤツリグサ科の研究なんかやったら死ぬかもしれないぞ！」と言われるだろう。

　一度、パク・スヒョン先生に尋ねてみたことがある。「なぜみんながやりたがらない分類群を、それも４つも研究されているんですか？」するとこの老学者は笑いながら答えた。「誰もやらないから！」誰もが嫌がることをやることは、偉大なことかもしれない。

　学部時代の私に、植物画を描いてみたらと勧めてくれたパク・ジェホン教授は、外国で出版された植物画集を何冊か持っていた。その本と論文や図鑑を見ながら、植物画をひとりで描き始めた。大学のキャンパスにある植物を手始めに、ひとつずつ解剖しては記録していったが、絵を描いていると時間がたつのも忘れ、夜になって教授から「もう帰りなさい」と言われることもあった。

しかし、本で独学しているだけでは、自分のレベルがわからなかった。それでも頑張れたのは、そのとき教授からもらった言葉のおかげだった。「私は絵を描かないから、この分野のことはよくわからない。あなたも独学なのでよくわからないだろうが、絵を描きためていけば、きっと何かになる」。そしてこうも言ってくれた。「あとで見て、形式に則って正確に描けていれば、いまのやり方が正しいということだ。もし形式とはまったく違う絵を描いていると気付いたら、それは新しい分野を切り拓いたということだよ」
　この先生の言葉のおかげで、私はこれまで絵を描き続けることができた。他の人がやらないことを選択するのは、先駆者(パイオニア)になるという意味でもあるのだろう。

人生の答えは、遠くにあると思われがちです。
でも、ベランダで育てている植物でも、よくよく見れば、
そこには賢明な知恵が含まれているのです。

ヤブニッケイ *Cinnamomum yabunikkei*

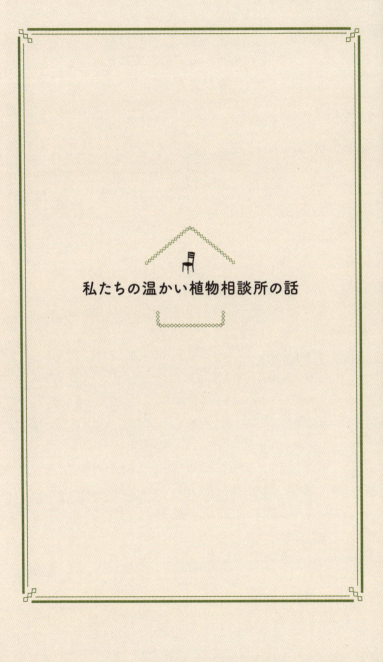

私たちの温かい植物相談所の話

死んだ魚の赤ちゃんを埋めたら
芽が出たよ！

子ども1：イベリスっていう花がおうちにあったんだけど、お花が咲く前に虫が付いちゃって、それで外に出しておいたら、誰かに持っていかれちゃったの。
子ども2：そのとき、ハエもすごかったんだよ。花からいい匂いがするから、ハエが家のなかに入ってきて、寝てたら口にとまってることもあったよ。だから外に出しておいたんだよ。マンションに植木鉢を集めて置いておく場所があるんだけど、夏のあいだに雨がいっぱい降ったんで、花がすごくよく育ったよ。葉っぱの赤ちゃんも横から3つも生えたの。

子ども1：なのに、冬になったらなくなっちゃったんだ。聞いてみたら、誰かがしまっておいたって言うから、春になったら戻ってくると思ったけど、春になっても返してもらえないの。

私：誰かに盗まれたってこと？

子ども1：うん、盗まれたみたい。昔ね、お魚の赤ちゃんを3匹飼っていたんだけど、全部死んじゃったから、土に埋めてあげの。そしたら植物の赤ちゃんが生えてきたんだよ。ちょうど3つ！

子ども2：その植木鉢のすぐ下に魚を埋めておいたんだけど、夏に雨が降ったあとで、植物が3つ生えてきたんだよ。

私：魚を埋めたのに、その上に置いた植木鉢から植物が生えたってことは……生まれ変わったってこと？へえ、面白いね。せっかく魚が植物に生まれ変わったのに、盗まれちゃって残念だね。

母親：この子たち、とても悲しんでて、この話をするたびに涙が出るんです。

この豆のさやをちぎると、
何が出てくるかな？

（植物観察の話：ムラサキウマゴヤシ）

子ども1：ママ、これをちぎったら水が出てきたよ。この水は何？　こんな実も出てきたよ。

私：これはムラサキウマゴヤシといって、紫色の花が咲くんだよ。その花が枯れると、こんなふうに、なかに実がなるの。破ってみて。

子ども1：また水が出てきた。

子ども2：先生、これは種もできるの？

私：うん。ピンセット、ふたつとも使っていいよ。先がとがってるから気を付けて。

子ども1：あ、何か出てくる！

私：何が出てきた？　横に割ると、丸いかたまりが出てこない？

子ども1：ポコッとしてる。丸いのが出てきたよ。

子ども2：あ、先生、これ？

子ども1：先生、何か出てきた！

私：そう、それ、それ。

子ども3：これのこと？

私：そう、これ。ピカピカした薄緑色の。これは豆の一種。いま切ったのは豆のさやだよ。ムラサキウマゴヤシはマメ科で、ダイズの仲間なんだよ。これがさやで、この中から豆が出てくるの。

子ども2：わあ、エンドウマメみたい。この豆を割ったら何が出てくるかな？

子ども2：原子じゃないの。

子ども1：原子を割ったら何が出てくる？

子ども2：原子は割れないよ。

子ども1：いや、原子だってナノロボットを使えば割れるって。できないなんて誰が言ったの？　先生、他の植物からも、こんなのが出てくるんですか？

私：他のもちぎってみる？

子ども1：これは何ですか？

私：これはクサニンジンボクの花で、花が散るとこんなふうに緑色の実がなるの。この実のなかに種があ

るんだけど、実がちょっと固くて、うまく割れないかも。先生が半分に割ったのをあげるね。

母親：へえ、白っぽいんだね。

子ども1：出てくる！

私：これが種です。熟すともっとうまく出るんだけど、まだうまく出ないね。

子ども3：わあ！ これはまだ熟してないの？

私：うん、まだ熟してないの。だから緑色をしてるでしょう？

子ども1：熟したら食べられるの？ 苦い？

私：さあね。食べるには小さすぎないかな。食べちゃだめよ。

子ども3：先生に会いたいときはここに来たらいいの？

私：植物相談所は毎日はやってないんだよ。

子ども2：じゃあまた来月来ればいいね。

母親：（笑）

昨日まで見えなかったものが、明日からは見えるでしょう

（植物観察の話：アメリカネナシカズラ）

相談者1：最近プランテリアが人気ですよね。生け花を習う人も多いし。でも、私は一度も花を買ったことがないんです。花はちょっと気味が悪くって。

私：まだ若いからじゃないですか？

相談者1：若いかどうかはともかく、外に咲いている花はきれいだと思うんですが、家のなかにあるのはあんまり。

相談者2：私はプレゼントされるのも嫌です。

相談者1：私はくれるならうれしいけど、それほど意味があるとか思わないし、家に飾って「ああ、きれ

い！」とか思ったことも一度もないんです。

相談者2：私もそう。

私：これまで植物に関心がなくても、定年になってから携帯のアルバムが花だらけになる人もますよ（笑）。

相談者1：私もそうなるかしら。ところで、これ、見てもいいですか？

私：はい。ちょっと説明しますね。これはルーペ、虫眼鏡ですね。目に近づけて見るとよく見えますよ。どうですか？

相談者1：はい。これは何ですか？

私：アメリカネナシカズラという直物です。

相談者1：アメリカネ？　ネナシカズラ？　変わった名前ですね。

私：ネナシカズラ、アメリカネナシカズラ。これらはすべて寄生植物なんです。

相談者1：どこに寄生するんですか？

私：他の植物にです。これをちょっと見てください。

相談者2：うわ、気持ち悪い。

私：これはみなさんも知っているエノコログサですよね。エノコログサの茎の下のほうに、こんなふうにぐるぐる巻きついているんです。

相談者1：じゃあ、いつもこうやって生えてるんですか？

私：はい。アメリカネナシカズラは緑色をしてないで

すよね。ほとんど黄色くて、葉もありません。そもそも葉が生えないんです。

相談者：じゃあ、花しか咲かないんですか？　変わってますね。

私：緑色は葉緑素があるしるしで、葉緑素があると光合成ができるんですね。でも、この子は葉緑素もないし光合成もしないから、他の植物の栄養分を奪って食べるんですよ。ここを見ると、こうしてギュッと相手の茎をつかんでいますよね。他の植物にくっついたところに、すでに根が突き刺さっているんです。

相談者1：ああ、だから突起のようなものがあるんですね。

私：栄養分を取って食べるから、ちゃんと花も咲くし実もなるんです。これが花です。花びらが5枚、真ん中の2本飛び出ているのが雌しべで、端に5本あるのが雄しべです。そして少し大きい黄色い部分は実になっています。実を割ると種が入っています。普通は4つくらい入っていて、拡大して見るとアサガオの実とよく似ています。アサガオの実の縮小版みたいな感じです。

相談者1：へぇー、不思議だなあ！　花が指輪みたいな形なんですね。これが種ですか？

私：はい、熟れると茶色くなります。この種を植える

と糸のような芽が出て、ゆっくり、グルグルと巻き始めるんです。そしてにおいを嗅いで、宿主となる植物を探して巻き付くんです。

相談者1：うわー、不思議！

私：そしたら根を切ります。なぜなら、根は必要ないからです。栄養分は宿主にもらうからですね。そして、さらにつるを伸ばして、隣にいる植物も食べにいきます。

相談者2：こうして見ると、とてもきれいだね。

相談者1：色がほんとにきれい。

私：アメリカネナシカズラが生えている場所に行くと、畑や雑草が生い茂った場所で、クモの巣のように生えています。だから、あまり人目に付かないんです。でも、身近な場所にたくさんいますよ。

相談者1：ほんと、面白いなあ。

相談者2：ところで、どうしてこの植物を持ってきたんですか？

私：皆さんに見せたくて。身近にたくさんいる植物なのに、説明するとみんな不思議だって言いますよね。いったん説明を聞いて観察すれば、次からは道端でも見つかりますよ。

植物には長所しかないみたいですね

(植物観察の話：ヤマアジサイ)

私：この花、何ていうか知ってる？
子ども1：わかりません。
子ども3：どこかで見た気がするけど。
私：よく見てると思うよ。元々は青い花だよ。
母親：アジサイですね。
私：はい、アジサイの一種のヤマアジサイです。元々は青いんですけど、これは緑色に変化したんです。
子ども3：ママ、アジサイの写真、見て！　紫色だよ！
私：そう。それがよく見かけるアジサイ。花も大きいしね。ヤマアジサイは、なかのほうにすごく小さい

花があるの。

子ども1：切ったらこんなのが出てきた！

私：種かな？　でしょ？

母親：花が散って実がなったんですか？

私：はい。いまは花が散って、実の先に雌しべだけが残っています。小さな突起が3本あるのが見えますか？

母親：はい。

私：ふちにある大きな花は偽物の花なので、雌しべと雄しべがないんです。

子ども1：偽物なの？

私：なかのほうにある小さいのが本当の花なんだよ。

子ども3：じゃあ、偽物の花は葉っぱってことですか？　それとも葉っぱに似た何か？

子ども1：でも、どうして本当の花に偽物の花がついているの？

私：こうやってふちに大きな花があると、花全体が大きく見えるからね。アジサイはヤマアジサイと違って、偽物の花しかついていないから、もっと目立つでしょ。だけど、全部が偽物だから、アジサイは実がつかないの。

母親：ふうん。

子ども3：きれいに見せるため？　じゃあ、ヤマアジ

ヤマアジサイ *Hydrangea macrophylla* subsp. *serrata*

　サイは実がなるんですか？
私：そう。ヤマアジサイは実がなるよ。アジサイは人間が作ったものなの。種がないから、繁殖させるには茎を切って植える必要があるの。でも、ヤマアジサイの実にはこんなふうに種が入っているんだよ。
子ども1：わあ！　種が出てきたよ。
子ども3：植物には長所しかないみたいですね。
私：長所しかないって、いい言葉だね。
子ども1：先生、僕にも長所があるよ。腕にほくろが2個もあるの。

私：へえ、カッコいいね（笑）。前に会った絵描きさんの腕にもほくろがあったんだけど、子どもに「これ、なあに？」って聞かれて、「これはいい人の証拠だよ」って答えたんだって。

子ども２：いい人の証拠？　僕はほくろがないんだ。これがほくろだよって言ったりするけど。

私：それならいいじゃない。

子ども１：パパが言ってたけど、この２個のほくろはチャジャンミョン〔黒い甜麺醤(テンメンジャン)のソースであえた韓国式炸醤麺(ジャージャン)〕のソースなんだって。昔、中華屋さんでチャジャンミョンを食べたとき、ソースが跳ねたんだけど、パパが早く拭きなさいって言うのに拭かなかったから、それがほくろになっちゃったんだって。

私：本当？

子ども１：伝説だよ。

子ども３：パパはユーモアがあって好きだけど、ユーモアがありすぎるのが欠点なんだ。

ヤマアジサイ *Hydrangea macrophylla* subsp. *serrata*

子どもの頃から知っていたらよかったのに

（植物観察の話：キダチコンギク）

私：まず、一緒に見てみましょう。キダチコンギクはキク科なんです。花の形がヒマワリやキクに似ています。

相談者：これとも似ていますね。

私：はい、全部キク科です。「1輪のキクの花」などとよく言いますが、これは実は1輪じゃなくて、多くの花が集まっている姿なんですよ。

相談者：そうなんですね。初めて知りました。

私：1輪のように見えて、実は花束なんです。では、ちょっと残酷な感じですけど、この花をむしってみ

ましょう。こんなぐあいに。

相談者：あ、こんなふうに。

私：ふちについた花と内側の花と、形が違いますよね。小さいほうは虫眼鏡で見てみましょう。

相談者：何かツンツンと生えていますね。

私：ふちの花はカラーの花のような形をしています。

相談者：不思議！　本当にカラーと似ていますね。

私：「好き」「嫌い」と言いながら花びらを1枚ずつむしって花占いをするには、花びらが1枚ずつ離れた離弁花(りべんか)でないといけません。アサガオのような合弁花では無理です。

相談者：なるほど！

私：1輪に見えるキク科の花は、このように花が1枚1枚取れるので花占いができます。ところが、実際は花びらのように見える1枚1枚が花なんです。カラーの花と同じ合弁花ということですね。だから厳密に言うと、1輪のキク科の花で花占いはできないんです。この花の中央から2本出ているのが柱頭(ちゅうとう)〔雌しべの先端部〕です。

相談者：これですか？

私：はい。それから合弁花を分けると、下にあるのが雄しべです。見えますか？

相談者：なるほど、そうなんですね。不思議！

私：さらに不思議なのは、5個の葯〔雄しべの先端にある花粉が入った袋〕が細長くて平たいホットドッグのような形をしているのですが、それが隣同士くっつきあってストローのような筒状になります。その真ん中を雌しべが突き抜けて出てくるんです。

相談者：本当に不思議。かわいい。

私：そんなに不思議ですか？（笑）こんなふうによく見ていけば、もっと楽しく描けるでしょう。

相談者：ほんと、初めて知りました。子どもの頃から知っていたらよかったのに。

花を育てて大儲けした女の子

（植物観察の話：ヤブラン、ナギ、メヒシバ）

相談者：何度も見た気がするけど、何だろう……。
私：ヤブランです。名前は聞いたことはありますか？
相談者：ないですね。ヤブラン、ですか？
私：身近な場所にもたくさんありますよ。都心にもよく植えられています。ツタのように都心の緑化に成功した植物です。単子葉植物で、葉がこんなふうに平行脈になっているんです。網状脈、平行脈って覚えていますか？
相談者：はい。双子葉植物と単子葉植物ですね。
私：この虫眼鏡でよく見てください。

相談者：わあ、近くから見るとかわいいですね。

私：花の裏側を見ると、萼(がく)がありませんよね。萼がなくて、花びらが6枚あるように見えますね。

相談者：そうですね。

私：花びらと萼の区別ができないので、これを花びらと言うべきか、萼と言うべきか、わからないことがあります。そんなときは花びらとか萼とか呼ばずに、ただ花被(かひ)と呼ぶんです。

相談者：花被？

私：はい。虫眼鏡で見ると雄しべが6本あります。真ん中の白いのが雌しべです。それから小さい花びらが3枚、大きい花びらが3枚、雄しべが6本。3の倍数ですね。多くの種類の単子葉植物は3の倍数が特徴です。だから花を切って見なくても、なかに雄しべが6本あることがわかるんです。

相談者：すごく不思議！

私：年代的にご存じかわかりませんが、昔、『クッキ(菊熙)』というドラマがありました〔1999年放映。1940〜60年代の韓国を舞台にした、女性の菓子職人の成功譚〕。

相談者：知ってます(笑)。

私：ヒロインのクッキは最初、ヤブランを育てて大儲けしますよね。

相談者：お菓子作りのドラマではなかったですか？

私：クッキが子どもの頃、韓薬の材料のヤブランを育てて成功するシーンがあるんです。ヤブランより少し小振りで、花の色が明るい、小さな植物があるんです。ヤブランと似ているけど、葉も少し薄くて。それをコヤブランと言います。

相談者：これは何ですか？

私：ナギという植物です。一緒に見てみましょうか。

相談者：面白い名前ですね……（笑）。これはよく見ますね。それと、これも。

私：これはメヒシバの仲間です。子どもの頃、これで傘の形を作って遊びませんでしたか？

相談者：いいえ（笑）。

私：そうですか？　私と同年代くらいかなと思って。私は田舎育ちなので、こういう遊びをしてみたいですね。こうやって穂を1本抜いて、それで残りの穂をくるりとまとめて結んでやります。

相談者：なるほど。

私：そうすると穂が傘の骨のようになるので、こうやって結んだ部分を上下に動かして、「ほら、傘だよ！」って開いたり閉じたりする遊びです。

相談者：楽しそうですね（笑）。

私：そんなに面白いですか？　子どもの頃にこれで遊んだの、私だけかしら（笑）。

家を追われた植物たちへの哀悼

相談者1：家で植物を育てても、うまくいかないことがありますよね。病気になってしまった植物を外に出してしまう人が多いようです。

私：私も昨日、そんな植物の写真を撮りました。熱帯植物だから冬には死んでしまうのに。悲しいですよね。知識がないから外に出してしまうんでしょう。

相談者1：そうですね。外国の植物だから、風景に似合わないし……。近所の精肉店のおじさんが植物好きなんですが、お店の前が植物だらけで、肉屋なのか花屋なのかわからないほどです。だからこの前、

聞いてみたんです。こんなに多くの植物をどうしたのかって。そしたら、町内の人たちがうまく育てられなかったものを全部くれるんだって言ってました。

相談者2：おじさん、いいことしてるね。

相談者1：でも問題なのは冬です。冬は越せないのを知ってるから植物を家のなかに入れるんだけど、そのままだと大きすぎるので全部切ってしまうんです。ほんのこれだけ残して。

相談者2：仕方がないよ。それでも命は救わないと。

相談者1：そうだね。仕方がないのはわかるけど、何だかなぁ……。

ゼニゴケ *Marchantia polymorpha*

著者　シン・ヘウ（신혜우）

絵を描く植物学者、植物を研究する画家。
大学で生物学を学び、植物分類学で博士号取得。米スミソニアン環境研究センター（SERC）研究員として勤務している。植物の形態学的分類や系統進化といった伝統的研究に始まり、植物DNAバーコーディングや植物ゲノム研究などの最新研究に取り組んでおり、植物生態学分野にも研究のフィールドを広げつつある新進研究者である。
英国王立園芸協会主催「RHSボタニカル・アート・ショー」に2013、14、18、22年に出品してすべてゴールドメダルを受賞し、最高展示賞トロフィーと審査委員特別トロフィーを授与された。英国王立園芸協会、米国カーネギーメロン大学、韓国環境省国立生物資源館などに、多くの絵画がコレクションとして選定された。
海外の植物園、自然史博物館、大学、研究所などと活発に交流し、韓国内にあまり知られていない生物イラストの発展に尽力している。植物分類学と生物イラスト分野を融合させた韓国内外の展示、植物相談所、講演、児童教育など、多彩な活動を繰り広げている。
著書に『植物学者のノート』。本書『となりの植物相談所』は初のエッセイ集である。

訳者　米津篤八（よねづ・とくや）

朝日新聞社勤務を経て、朝鮮語翻訳家。ソウル大学大学院で修士、一橋大学大学院で博士号取得（朝鮮韓国現代史）。訳書にキム・サンホン『チャングム』、李姫鎬『夫・金大中とともに——苦難と栄光の回り舞台』、イ・ギジュ『言葉の温度』、チョン・ヘヨン『誘拐の日』、キム・ホヨン『不便なコンビニ』、キム・ジュン『くだらないものがわたしたちを救ってくれる』、ナ・ジョンホ『ニューヨーク精神科医の人間図書館』など多数。

翻訳協力　株式会社リベル、金李イスル

となりの植物相談所

2025年4月10日　第1刷発行

著　者	シン・ヘウ
訳　者	米津篤八
発行者	富澤凡子
発行所	柏書房株式会社 東京都文京区本郷 2-15-13（〒113-0033） 電話　(03)3830-1891［営業］　(03)3830-1894［編集］
装　丁	髙井愛
印刷・製本	中央精版印刷株式会社

Japanese text by Tokuya Yonezu 2025, Printed in Japan
ISBN 978-4-7601-5602-3